最 新
世界のラン図鑑

Latest Classification Guide:
Illustrated Encyclopedia of Orchids
Around the World

淡交社

目次

まえがき……3　本書の特色と使い方……4

Chapter I　ランの世界

ラン科とは？／分布と生態……6　分類／形態……8　学名の表記……11

Chapter II　ランの図鑑

バニラ亜科……16
アツモリソウ亜科……18
チドリソウ亜科
◉ クラニキス連
シュスラン亜連……34
プテロスティリス亜連……35
ネジバナ亜連……36
コオロギラン亜連……36
◉ ディウリス連
カラデニア亜連……37
オオスズムシラン亜連……39
ディウリス亜連……40
ドラカエア亜連……42
テリミトラ亜連……43
◉ チドリソウ連
ディサ亜連……44
チドリソウ亜連……44
セッコク亜科
◉ エビネ連
サワラン亜連……52
セロジネ亜連……52
コラビラン連……61
◉ シュスラン連
カタセツム亜連……67
カタセツム類の人工属……73
◉ シュンラン連
シュンラン亜連……74

キルトポディウム亜連……84
エウロフィア亜連……85
マクシラリア亜連……86
オンシディウム亜連……100
コエリオプシス亜連……128
スタンホペア亜連……129
ジゴペタルム亜連……134
オンシディウムの人工属……125
リカステ類の人工属……93
ジゴペタルム類の人工属……137
◉ エピデンドルム連
プレティア亜連……138
ホテイラン亜連……139
レリア亜連……140
プレウロタリス亜連……167
オニヤガラ連……176
カトレヤ類の人工属……165
◉ ヤチラン連
セッコク亜科……177
ヤチラン亜連……191
◉ サカネラン連……192
◉ ボドキルス連……192
◉ ソブラリア連……195
◉ ヒスイラン連
エリデス亜連……196
アングレクム亜連……216
ポリスタキア亜連……220
パンダ類の人工属……215

学名索引……221　略号索引……227　和名索引……229　主な引用・参考文献……238

まえがき

　本書は入門書として初心者の方々がランに興味を持つとともに、愛好家の方々にも新たな発見や知識を提供できるよう、最新の情報も含めています。

　ラン科植物（以下、ラン）の魅力は、何といってもその多様性にあります。野生のランだけでも約26,000種あるとされ、被子植物では最大の種数を誇ります。また、今なお種分化し、新しい種が生まれつつあり、さらには自生地の調査が進むことで、毎年、約500種が新たに発表されています。ランは熱帯雨林から砂漠、草原から湿地に至るまで、さまざまな環境に適応して生息するため、その生態も多様です。本書では、野生ランの自生の状態も紹介しています。また、ランの花の構造は花粉を媒介する昆虫や鳥類と密接に関係しており、特定の花粉媒介者だけが受粉できるようにすることで、多様な花の構造が生み出されました。このような種類、生態、形態の多様性を写真とともに、楽しんでいただければと思います。また、その美しさより古くから人により交配が行われ、多くの種間交雑種や属間交雑種が作出されています。本書では151属、19人工属を扱い、野生種とその個体522種、人工交雑種99種、最近話題の遺伝子組換え植物を解説し、ランの多様性の魅力を楽しめるようにしました。また、ランに関するトピックスをオーキッド・トリビアとして紹介しました。

　野生ランの多くは、開発による自生地の破壊や一部の悪質な園芸業者の大量な採集により、絶滅を危惧されているものが少なくありません。野生ランを学ぶことが、自然界全体の理解を深める手助けとなることを祈っています。また、ランの多様性を保護することは、地球上の生物多様性を守ることにも繋がることを信じています。

　近年、DNA情報に基づく分子分類学の発展により、ランの分類も大きく様変わりしています。本書は最新（2024年7月現在）の情報を基に、正確な学名表記に努め、Chapter I「ランの世界」とChapter II「ランの図鑑」で構成されています。Chapter IIでは属単位で解説し、属の配列順は“The Book of Orchids: A Life-Size Guide to Six Hundred Species from Around the World”（Chaseら, 2017）に基づきましたが、紙面構成上、一部前後したことがあります。属間交雑により作出された人工属については、交雑関係が理解しやすいように、交雑に関与した属の後にまとめて掲載しました。

　本書で使用したすべての写真は、著者が調査の傍ら長年撮りためていたものです。また、本書で掲載したボタニカルアートは、著作権の保護期間を経過して社会の公共財産になり、だれでも自由に利用できるパブリックドメイン（public domain）となったものを、出典を明記して利用しました。

　本書を通じて、ランへの関心をさらに深めるきっかけとなることを心から願っています。

　最後になりましたが、出版の機会をいただいた淡交社の伊住公一朗社長と、編集を担っていただいた八木歳春氏に厚くお礼申し上げます。

2024年11月吉日

本書の特色と使い方

◉**本書の構成について**

ChapterI「ランの世界」とChapterII「ランの図鑑」および索引（学名索引、略号索引、和名索引）、主な引用・参考文献から構成されている。

◉**属の配列について**

ChapterIIでは属単位で解説した。属の配列順は"The Book of Orchids: A Life-Size Guide to Six Hundred Species from Around the World" (Chaseら, 2017)に基づき、紙面構成上、一部前後したことがある。

属間交雑により作出された人工属については、交雑関係が理解しやすいように、交雑に関係した属の後にまとめて掲載した。

◉**植物名の表記について**

①日本原産の種は和名で表記した。例えば、ツチアケビ、アツモリソウなど。

②外国産の種であっても、一般によく使用される和名がある場合は、和名で表記した。例えば、カラフトアツモリソウ、ホンコンシュスランなど。一部、よく知られる英名で表記した。例えば、バニラなど。

③和名がないものは学名のカナ表記で示した。例えば、キルトシア・リンドリア、シプリペディウム・レギナエなど。

④属に対する学名の略号がある場合は、属単位の項目内の初出は略号を使用せず、以降は略号を用いて表記した。例えば、*Vl. planifolia. Cyp. calceolus*など。

⑤個体名については、引用符（' '）で囲んで表記した。

◉**解説内容について**

①属の解説は、学名、英名などとともに、分布域、属名の由来、属を設けた際のタイプ種などを解説した。

②種については、学名、異名（重要なもののみ）、英名などとともに、生態の大別（着生植物など）、分布域と標高、形態、種形容語の由来、利用などを解説した。

③雑種およびに遺伝子組換え植物ついては、学名、異名（重要なもののみ）とともに、交配親、登録年、登録者、特徴などを解説した。

④ランに関するトピックスをオーキッド・トリビアとして紹介した。

Chapter I
ランの世界
The World of Orchids

デンドロフィラックス・フナリス（*Dendrophylax funalis*）
『カーティス・ボタニカル・マガジン』第73巻（1847）より
無葉ランとして知られ、葉がなく根が光合成を行う。

ラン科とは？

　ラン科（Orchidaceae）は、種数や属数は研究や新種の発見により変動する可能性があるが、749属約26,000種からなり（Chaseら、2017）、被子植物において属数ではキク科（Asteraceae）に次いで、種数については最多の大きな科である。分類学の父とされるカール・リンネ（1707～1778）は、『Genera Plantarum（植物の属）』（1737）において、オルキス属（Orchis）をタイプ属（Type genus）として Orchidaceae を設けた。『Genera Plantarum（植物の属）』では、ラン科としては記述しているのはわずか8属であった。その後、リンネは『Species Plantarum（植物の種）』（1753）を出版した。

　オルキス属は『Species Plantarum（植物の種）』において、オルキス・ミリタリス（Orchis militaris）をタイプ種として設けられた。属名 Orchis は、約2000年前にギリシアの哲学者、博物学者、植物学者であるテオフラストス（紀元前371～紀元前287）によるもので、古代ギリシア語で「睾丸」を意味する orkhis に由来し、地下部に新旧2個の塊根（かいこん）を持つことに因む（上図参照）。

オルキス・ミリタリス
ロバート・スウィート『イギリスの花園』第2巻（1825-1827）より

分布と生態

　ラン科（以下、ラン）は、南極大陸や砂漠を除く、熱帯から亜寒帯まで全世界に広く分布するが、その中心は高温多湿地域で、熱帯アメリカ、熱帯アジア、熱帯アフリカが特に多く、分布の三大中心地といえる。その他、ユーラシア（ヨーロッパとアジア）、オーストラアシア（オーストラリア大陸・ニュージーランド北島・ニュージーランド南島・ニューギニア島およびその近海諸島）、北アメリカがあげられる。日本はユーラシアと一部が熱帯アジアに含まれ、約86属、320種が自生しており（大橋ら、2015）、北アメリカ（約200種）よりも多くの自生種があり、低緯度地域の中では「ランの宝庫」ともいえる。

　生態的には、**地生植物**（ちせい）と**着生植物**（ちゃくせい）に大別できる。地生植物は一般によく見られる植物と同様に、地中に根を伸ばして生活しており、ランの場合は「**地生ラン**」と呼ばれる。

　一方、**着生植物**は樹木などの他の植物や、岩石などの上に気根を伸ばして生活し、「**着生ラン**」と呼ばれる。岩上に生える場合、**岩生植物**（がんせい）として区

地生植物
キエビネ
Calanthe striata

着生植物
デンドロビウム・セニレ
Dendrobium senile

岩生植物
バルボフィルム・カオヤイエンセ
Bulbophyllum khaoyaiense

別され、「**岩生ラン**」と呼ばれる。ランの約80％は着生植物で、これらは熱帯地方の高所に発達する雲霧林（熱帯・亜熱帯地域の山地で、霧が多く湿度の高い場所に発達する常緑樹林）に最も多く見られ、温帯地方では少なくなっている。一説には、着生植物の約3分の1はランとされる。

地生ランの中には、葉緑素がなく、自ら光合成を行わずに、地中の菌類に寄生し、養分を吸収して生活するツチアケビ（16頁）やエゾサカネラン（右図）などの**腐生植物**が知られ、近年は**菌従属栄養植物**と呼ばれる。ランの場合は「**腐ラン**」と呼ばれることが多い。

オーストラリア南西部に自生するリ

エゾサカネラン *Neottia nidus-avis*
オットー・ヴィルヘルム・トーメ『学校や家庭のためのドイツ、オーストリア、スイスの植物』(1885)より

ザンテラ・ガルドネリ（*Rhizanthella gardneri*）は、発芽、成長、開花、結実すべてを光の届かない地中で行うことから英名で underground orchid（地中ラン）と呼ばれ、奇妙な菌従属栄養植物として有名である。

分類

ラン科植物は、近年のDNA解析によるAPG分類体系によると、被子植物の単子葉植物キジカクシ目（*Asparagales*）に属し、キンバイザサ科やアヤメ科、ヒガンバナ科、クサスギカズラ科などに近縁とされる。

近年の分類では、ラン科は**ヤクシマラン亜科**、**バニラ亜科**（16～17頁）、**アツモリソウ亜科**（18～33頁）、**チドリソウ亜科**（34～51頁）、**セッコク亜科**（52～220頁）の5亜科に分類される（Chaseら, 2017）。

ヤクシマラン亜科は熱帯アジアにのみ分布する2属14種からなる小さな亜科で、以前はヤクシマラン科という独立した科として扱われていた。ラン科の大きな特徴であるずい柱(後述)がないなど、一見するとラン科とは見えない特異なグループで、本書では上図以外は扱っていない。

ヤクシマラン亜科
ネウウィーディア・ベラトリフォリア *Neuwiedia veratrifolia*
『カーティス・ボタニカル・マガジン』第120巻（1894）より

形態

ラン科は形態的に以下の特徴をもつ。
①雄しべと雌しべが癒合し、ずい柱と呼ばれる柱状体を形成し、先端に葯帽と呼ばれる保護器官の中に花粉塊（④参照）が入っており、その下面に柱頭がある。アツモリソウ亜科のずい柱は平らで、先端上側には仮雄ずいがあり、先端下面に柱頭が、根元側左右に雄しべの葯がある。ただし、ヤクシマラン亜科ではずい柱をつくらない。

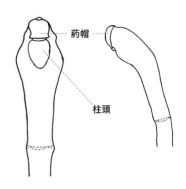

ずい柱の構造(左／裏面、右／側面)

葯帽

柱頭

プロステケア・コクレアタ Prosthechea cochleate
唇弁を上側にして咲く

花粉媒介者に付着した花粉塊

② 一般に、萼片(がくへん)は3枚からなり、ほぼ同形であるが、花弁は左右2枚（側花弁）が同形であるのに対し、中央の1片は形態、大きさ、色彩などが他の2枚と大きく異なり、特に**唇弁**(しんべん)と呼ばれる。唇弁は**リップ**とも呼ばれる。アツモリソウ亜科では唇弁は袋状となり、特徴的な形態となっている。このため、花は左右相称（左右の各部分が同形で、左右対称）となる。ただし、ヤクシマラン亜科では萼片、花弁はほぼ同形である。

③ ふつう子房が180度ねじれることにより、花の向きが上下逆となり、唇弁が下側に位置している。プロステケア・コクレアタ（*Prosthechea cochleata*）などのように、子房がねじれずに、唇弁を上側にして咲くものもある。

④ 花粉はまとまって花粉塊をつくり、多くは花粉媒介者に張りつくための粘着体があり、花粉塊と粘着体はしばしば長い柄（花粉塊柄）でつながっている。アツモリソウ亜科では粒状質から粘質にまとまるのみである。ヤクシマラン亜科では花粉塊はつくらない。

代表的な花のつくりと、各部の名称は以下に示した。

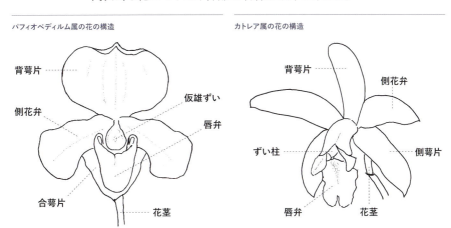

パフィオペディルム属の花の構造 — 背萼片、側花弁、仮雄ずい、唇弁、合萼片、花茎

カトレア属の花の構造 — 背萼片、側花弁、ずい柱、側萼片、唇弁、花茎

009

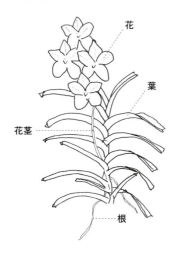

単軸分枝タイプ（単茎性）
ヒスイラン属

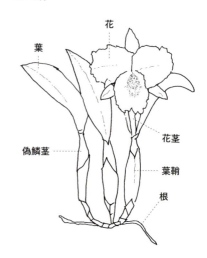

仮軸分枝タイプ（複茎性）
カトレア属

茎はその生育形態から、以下の2タイプに大別される。

・単軸分枝タイプ（単茎性）

ヒスイラン属（*Vanda*）やファレノプシス属（*Phalaenopsis*）などのように、主軸の茎は長く成長を続け、茎頂から次々と新しい茎を出すタイプ。

・仮軸分枝タイプ（複茎性）

カトレア属（*Cattleya*）やセッコク属（*Dendrobium*）などのように、主軸の茎はふつう1年で花が咲いて成長が止まり、株元から側枝が発達して主軸のように見え、それを毎年繰り返すタイプ。仮軸分枝タイプのなかには、カトレア属のように茎が球形や卵形、紡錘形に肥大することがあり、偽鱗茎または球茎と呼ばれる。低温期や乾燥期には落葉し、偽鱗茎が貯蔵器官となる。パフィオペディルム属（*Paphiopedilum*）などでは茎は肥大しない。

ラン科植物の根は、一般に他科の植物の根に比べて太く、地生ランに比べて着生ランの方が太くなっている。これは根が根皮（ベラーメン）という

吸水根
バンダ・コエルレア *Vanda coerulea*

海綿状の細胞層で厚く覆われているためで、真正の根はその中心にある細いものである。着生ランでは樹幹に付着したり、空中に垂れ下がったり、空中の湿気や、降水時の水を吸収する役目があり、気根の中でも、特に吸水根と呼ばれている（左頁写真）。特殊な根としては、葉を持たない「**無葉ラ****ン**」と総称されるクモラン（209頁）やデンドロフィラックス属（*Dendrophylax*、5頁扉イラスト）が知られ、根が光合成を行っている。

学名の表記

● 基本的な表記法

　学名は世界共通の動植物の名前で、国際学会において国際的に決定された命名規約に基づいて命名され、原則としてラテン語で表記される。植物の場合は、野生植物はもちろん、栽培される園芸植物にも適用される国際藻類・菌類・植物命名規約と、栽培植物のみに適用される国際栽培植物命名規約がある。

　最も基本となる分類階級である種に対する学名は、**属名と種形容語**の組み合わせであらわされ、この命名法を**二語名法**、二命名法または二名法と呼んでいる。したがって、この学名だけを見ただけで、その種がどの属に含まれるかすぐに判断できる。

　この二語名法を最初に提唱したのは、有名なスウェーデンの植物学者、カール・フォン・リンネ（C. Von Linne, 1707〜1778）で、彼は属名と、種の性質を示す代表的な形容詞とを組み合わせて種の名前を表記する二語名法により、当時ヨーロッパに知られていた生物の総覧を編集し、それ以後この方法が生物の種の名前をあらわす便利な方法として適用されるようになった。

　たとえば、カトレヤ・ラビアタの場合は、次のように表記する。

　　Cattleya　labiata　Lindl.
　　属名　　種形容語　著者名

　Cattleya は、カトレヤ属の属名に対する学名である。属に対する学名は名詞の主格で、大文字で書き始める。属名は原則としてラテン語であるが、ラテン語化した外来語でもよく、ギリシア語なども多く見られる。また、人名や、神話などに登場する神の名前、現地名などがある。属名には文法上の性があり、男性、女性、中性の3つの性に区別される。*Cattleya* の場合は、女性とされる。

　次の *labiata* は、属名を形容して種をあらわすため、種形容語と呼ばれ、属名との組み合わせで種をあらわす学名となる。種形容語は原則としてそ

の種の特徴をよく表現する形容詞で、名詞の所有格、または人名や地域名に基づく固有名詞が用いらる。**種小名**とも呼ばれる。

種形容語は属名の性に従ってその語尾が変化する。この場合、属名が女性なので、*labiata*となっており、「唇形の」を意味するラテン語の形容詞である。一般に、男性名詞では *–us* または *–is* で、女性名詞では *–a* または *–is* で、中性名詞では *–um* または *–e* で終わる。種形容語は小文字で書き始める。

最後の Lindl. は、この学名を発表した著者の名前で、学名の正確さを期する意味で著者名を最後につけることになっているが、省略してもよいことになっている。本書でも紙幅の関係で省略している。

例にあげた Lindl. は、イギリスの植物学者、園芸家、ラン研究家のジョン・リンドリー(John Lindley)の名を簡略化したものである。

以上は、基本的な表記法で、印刷上は属名と種形容語はイタリック体、それ以外はローマン体であらわす。

◉ 亜種、変種、品種の表記法

1つの種(省略形：sp.)が、**亜種**(subspecies、省略形：subsp.)や**変種**(variety、省略形：var.)、**品種**(foema、省略形：f.)に分けられる場合、種に対する学名の次に、それぞれの省略形をつけ、その次に種形容語に準じた語をつける。省略名はローマン体であらわす。

例：*Cattleya dowiana* Bateman & Rchb.f.
　　 var. *aurea* (Linden) B.S.Williams & T.Moore

種内に2つ以上の亜種や変種などがある場合、最初にその種を設立したときの種を、タイプ種(type species)と呼び、略称の後に同じ種形容語を繰り返し、著者名は書かない。

例：*Ophrys holosericea* (Burm.f.) Greuter subsp. *holosericea*

◉ 雑種

遺伝的に異なる2個体のを**交雑**といい、その結果生じる子孫を**雑種**または**交雑種**と呼ぶ。

同じ属内の異なる種と種の間で生じた雑種を**種間雑種**と呼ぶ。野生の植物でもこのような例が多く、この場合、**自然雑種**という。また、人工的に作

出された場合、人工雑種という。いずれの場合も、種形容語の前に×の記号をつける。

　　例：*Ophrys × arachnitiformis*

　また、同じ科内の異なる属間で生じた交雑種を**属間雑種**という。この場合、自然界にない新しい人工属ができるので、新しい属名を命名し、その属名の前に×の記号をつけて示す。
　ランは、属間雑種が多いことでよく知られている。たとえば、ブラッサボラ属（*Brassavola*）とカトレヤ属（*Cattleya*）の2属が交雑にかかわって生じた人工属は、次のように表記される。

　　　×　　*Brassocattleya*　　Rolfe
　　　記号　　人工属名　　　　著者名

● グレックス

　グレックスとは、ラン科植物の命名法で使用されるグループの特殊なタイプで、同じ交雑親を起源とするすべての個体をグレックス（grex、群という意味）として扱い、ラテン語でなく現代語を使ったアルファベットで名前をつける。
　グレックス名は、所属する属以下の分類群の正名に**グレックス形容語**を組み合わせたものとなる。
　たとえば、カトレヤ・ダビアナ（*Cattleya dowiana*）とカトレヤ・ラビアタ（*Cattleya labiata*）とを交雑して作出された個体は、どれほど個体間で変異があっても、亜種や変種の区別があっても、作出された個体群は同じグレックスとして扱い、カトレヤ・ファビア（*Cattleya* Fabia）というグレックス名が与えられる。
　同じグレックス内で、特定の個体を区別する必要がある場合、引用符（' '）に囲んで表記する。これは**個体名**と呼ばれ、たとえば株分けや組織培養などのような栄養繁殖でふやされる限り、同じ個体として扱われる。この個体名は栄養繁殖系の栽培品種とほぼ同じ概念である。グレックス形容語や個体名も、ローマン体で表記する。
　属間交雑により作出された個体名を伴うグレックスは、以下のように表記される。

× *Brassocattleya*　Morning Glory　'Valentine Kiss'
人工属名　　　グレックス形容語　　　個体名

◉属名の略号

　ランの場合、野生種だけでも約2万6000種もあるといわれ、個体間の変異の幅も広く、また多くの雑種が作出され、さらに近縁の属間で多くの属間交雑が行われている。このため種類がきわめて多く、個体ごとに正確な学名を記入したラベルをつけて流通しないと、名前が混乱して大変なことになる。とくに雑種の場合、同じグレックスの個体差を区別するのは、よほど特徴的な形質がない限り不可能である。

　このため、販売等を行うときもラベルつきが一般的で、ラベルのない株は価値がほとんどなくなるとさえいわれている。ラベルのスペースには限りがあるので、ランの園芸界では、学名の属名に限り、独自の略号を決めて使用することが一般的で、イタリック体で表記する。この略号はすべての属名に対して指定されているものではなく、また属間交雑により作出された人工属は記号×も省略される。多くは世界的に統一されているが、一部には異なる略号を用いられることがある。本書の場合は、イギリスの王立園芸協会（RHS）など国際団体が採用する略号を優先した。日本で流通している略号が異なる場合は、「または」の次に併記した。

　属名の略号を採用する場合は、以下のように表記される。

　　Bc. Morning Glory 'Valentine Kiss'

　また、入賞記録として賞名の略号と授賞審査会の略号を付記し、以下のように表記する。

　　× *Rhyncholaeliocattleya*　George King　'Serendipity'　AM/AOS
　　人工属名　　　　　グレックス形容語　　　個体名　　　　賞名／
　　　　　　　　　　　　　　　　　　　　　　　　　　　　　授賞審査会

　上記の場合、アメリカ蘭協会（略号AOS）で第2席（略号 AM、通常80〜89点で銀賞に相当する）に入賞したことを示している。本書では入賞記録は紙幅の関係で省略した。

Chapter II
ランの図鑑
The Illustrated Encyclopedia of Orchids

シプリペディウム・レギナエ
(*Cypripedium reginae*)
ジョン・リンドリー（編）
『エドワーズのボタニカル・レジスター』
第20巻（1834）より（19頁）

❖ バニラ亜科

ツチアケビ属　　　　　　　　　　　*Cyrtosia*［略号：*Ctsa.*］

ツチアケビ属は中国中部・南部から東および熱帯アジアに5〜7種が分布。属名 *Cyrtosia* はギリシア語 kyrtos（曲がった）に由来し、蕊柱が曲がっていることに因む。葉がなく、葉緑素を持たない菌従属栄養植物（7頁）で、菌類に寄生している。タイプ種は *Ctsa. javanica*。

キルトシア・リンドリヤ
ジョセフ・ダルトン・フッカー『ヒマラヤ植物図譜』(1855)より

● キルトシア・リンドリヤ
学名：*Ctsa. lindleyana*

地生植物。ヒマラヤ〜中国中部、スマトラ北部の標高1,500〜3,600mに分布。葉がなく、茎は赤みを帯び基部に尖った鱗片葉がある。花は黄色みを帯び、径3〜5cmほど。果実はバナナ形で、赤みを帯び、長さ6〜7cm。種形容語 *lindleyana* は、イギリスの植物学者ジョン・リンドリー（J. Lindley）への献名。

● ツチアケビ
学名：*Ctsa. septentrionalis*
異名：*Galeola septentrionalis*

地生植物。中国東南部、韓国南部、日本〜台湾の標高1,000〜1,300mに分布。和名は地面から生じるアケビ（*Akebia quinata*）に由来し、果実がアケビに似ることによるが、熟しても裂開はしない。花茎は30〜100cm。花は黄色みを帯び、径3cmほど。花期は6〜7月。果実は長さ6〜10cmで、秋に赤熟する。キノコの仲間のナラタケに寄生している。種形容語 *septentrionalis* は、ラテン語で「北の、北方の」に由来し、原産地に因む。

ツチアケビの果実　右上／花のアップ

‖オーキッド・トリビア‖ ツチアケビの仲間は、不思議な特性をいくつも持っている。まず、光合成は行わず、普段は地下で生育し、花を咲かせる時期だけ、地上に花茎を出して花を咲かせる。また、ラン科植物の多くは昆虫が受粉を媒介する虫媒花だが、ツチアケビは自家受粉を主な手段としている。さらに、ラン科植物の種子は微細で、風により種子散布するのが一般的だが、ツチアケビは鳥類のヒヨドリなどが種子散布を担っている（Suetsuguら、2015）。

バニラ属　　　　　　　　　　　　　　　　　　　　　Vanilla [略号:Vl.]

バニラ属（*Vanilla*）はメキシコ南部〜ブラジルに約108種が分布。属名 *Vanilla* は、スペイン語で「小さい豆果」を意味する vaina に由来し、果実の形態に因む。タイプ種は *Vl. mexicana*。

● バニラ
学名：*Vl. planifolia*　　異名：*Vl. fragrans*
英名：commercial vanilla

着生植物。メキシコ南部〜ブラジルの標高0〜600mに分布。つる性の多年草。節から気根を出してよじ登る。葉は多肉質の楕円形で、長さ20cmほど。葉腋から生じる総状花序に15〜20花をつけ、基部の花から順次1花ずつ開花する。淡黄緑色の花は径4〜5cmで、早朝に咲いて昼間にはしぼむ。花期は4〜6月。円筒形の果実は長さ15〜30cmで弧状に湾曲し、初めは緑色で、やがて黄色に変化し、4〜5か月で艶のある紫褐色になる。果実はマメ科の果実によく似ることから、バニラ・ビーン（vanilla bean）と呼ばれる。果実内には微細な黒色の種子が多数含まれる。種子は長さ数ミリのレンズ状で、ラン科植物としては特異的に黒褐色の硬い種皮がある。種形容語 *planifolia* は、ラテン語で「扁平な葉」の意で、葉の形態に因む。

左／果実　右／花

‖ **オーキッド・トリビア** ‖　結実して約半年後に果実が黄変し始めたころ収穫し、熱湯にさっと浸し、密閉した箱の中に入れる。日中は天日で干し、何日かかけてゆっくりと発酵させると、しだいにチョコレート色に変わり、特有の甘い芳香を放ち始める。良質のものは黒紫色で縦にしわが入り、表面に芳香成分のバニリンの白い結晶がみられる。バニリンはアイスクリームやチョコレートなどの香りつけに利用される。バニラ・ビーンをアルコール漬けにして軟らかくし、バニラエキスを抽出する。メキシコのアステカ族では、スペイン人が侵入する以前から、香料としてバニラを利用していた。バニラ・ビーンの主生産地はマダガスカル、次いでインドネシアとされ、2か国で総生産量の7割を占めるとされる。

❖ アツモリソウ亜科

アツモリソウ属

Cypripedium [略号：Cyp.]

英名：slipper orchids, lady's slipper orchids

アツモリソウ属は、北半球の温帯および亜高山〜中央アメリカに58種が分布。唇弁は袋状となる。属名 *Cypripedium* は、ギリシア語 Kypris（女神アフロディテ）と pedilon（スリッパ）の2語に由来し、唇弁の形に因む。タイプ種は *Cyp. calceolus*。

カラフトアツモリソウ
オットー・ヴィルヘルム・トーメ『学校や家庭のためのドイツ、オーストリア、スイスの植物』(1885)より

● カラフトアツモリソウ
学名：*Cyp. calceolus*
英名：lady's slipper orchid

地生植物。ヨーロッパ〜アジアの標高0〜2,500mに分布。草丈20〜45cm。茎頂に1〜2花つける。花径は10cmほど。萼片、側花弁は褐色ときに黄色。スリッパのような袋状の唇弁は黄色。花期は6〜7月。種形容語 *calceolus* は、ラテン語で「小さな靴」を意味し、唇弁の形に由来する。

‖オーキッド・トリビア‖ カラフトアツモリソウはヨーロッパで最もよく知られるランの一つで、愛と美と性を司る女神アフロディテの伝説がよく知られる。ある日、美しい青年アドニスとともに狩りに出たとき、突然の雷雨に見舞われた。この時、アフロディテは履いていたスリッパを紛失した。雷雨が過ぎ去った後、スリッパは人間たちに見つかり、彼らが触れようとした瞬間、スリッパは美しい花に変身した。この花がカラフトアツモリソウで、唇弁はスリッパ状となり、黄金色に輝いていると伝えられる。

アツモリソウ

● アツモリソウ
学名：*Cyp. macranthos*

地生植物。ベラルーシ東部〜日本の標高0〜2,400mに分布。草丈25〜50cm。茎頂に1または稀に2花つける。花は紅紫色〜淡桃色で、径6〜8cm。花期は6〜7月。和名アツモリソウ（敦盛草）は、袋状の唇弁がある花を、平敦盛が背負った母衣（ほろ）に見立てたもの。種形容語 *macranthos* は、ラテン語で「大きな花」を意味する。ラン科植物の中でも、最も乱獲されることから、1997年に「特定国内希少野生動植物種」に指定され、厳しく管理されている。

クマガイソウ

シプリペディウム・レギナエ

タイワンキバナアツモリソウ

シプリペディウム・チベチクム

◉クマガイソウ
学名：*Cyp. japonicum*
地生植物。中国中部、韓国、日本の標高800〜2,000mに分布。草丈35〜55cm。茎頂に1花をつける。花は長さ7cmほど。唇弁は淡黄白色で赤褐色を帯びる。花期は4〜6月。和名は唇弁を熊谷直実が背負った母衣（ほろ）に見立てたもの。種形容語 *japonicum* は、ラテン語で「日本の」の意で、原産地に因む。

◉シプリペディウム・レギナエ
学名：*Cyp. reginae*
地生植物。カナダ南東部、アメリカ合衆国中部〜北東部の標高0〜500mに分布。草丈35〜100cm。茎頂に1〜2花をつける。袋状の唇弁は赤みを帯び、長さ5cmほど。本属の中では草丈、花の大きさは最大級。花期は5〜8月。種形容語 *reginae* は、ラテン語で「女王」の意で、美しい花に因む。15頁の扉絵も参照。

◉タイワンキバナアツモリソウ
学名：*Cyp. segawae*
地生植物。台湾の固有種で、台湾中東部の標高1,300〜3,000mに分布。草丈20〜30cm。茎頂に1花をつける。花は帯黄色〜黄色で、径5〜6cm。花期は3〜4月。種形容語 *segawae* は、台湾で植物採集や農業指導を行った瀬川孝吉への献名。

◉シプリペディウム・チベチクム
学名：*Cyp. tibeticum*
地生植物。ブータン、シッキム〜中国中部、ミャンマーの標高2,300〜4,200mに分布。草丈15〜35cm。茎頂に1花をつける。唇弁は栗色〜ピンク色と多様で、長さ4〜6cm。花期は5〜8月。種形容語 *tibeticum* は、ラテン語で「チベット産の」の意で、原産地に因む。

パフィオペディルム属の野生種 *Paphiopedilum* [略号：*Paph.*]

英名：Venus slipper

中国南部〜熱帯アジアに86種ほどが分布。唇弁は袋状となる。属名 *Paphiopedilum* は、女神アフロディテを意味するギリシア語 Paphia と pedilon（スリッパ）の2語に由来し、唇弁の形に因む。タイプ種は *Paph. insigne*。

パフィオペディルム・サンデリアヌム
フレデリック・サンダー『ライヘンバキア』
第1巻（1888）より

● パフィオペディルム・サンデリアヌム
学名：*Paph. sanderianum*

岩生植物。ボルネオ北西部の標高0〜900mに分布。花茎は斜上し、長さ40〜50cm、2〜5花をつける。花径は約7cm。後述するように側花弁が長いことが特徴。1885年、ボルネオで初めて発見され、1886年に初開花した。しかし、その後自生地が確認できず、1978年に再発見するまでは、一世紀近く「幻のラン」であった。花期は7〜12月。種形容語 *sanderianum* は、ラン研究家、園芸商のサンダー（H. F. C. Sander）への献名。

‖ **オーキッド・トリビア** ‖ パフィオペディラム・サンデリアナムは、ギネスブックに「最大の花を持つラン」として紹介されている。側花弁が長いランとして有名で、リボン状となり、よじれながら長さ90cm以上に垂れ下がる。自生地での観察によると、唇弁の上部には甘い汁を出し、受粉を媒介すると考えられているハナアブの仲間がこの長い側花弁に引っかかり、甘い唇弁を目指してよじ登ると報告されている。同じような形態のランとして、近縁属のフラグミペディウム・カウダタム（31頁）が知られる。

パフィオペディルム・インシグネ

● パフィオペディルム・インシグネ
学名：*Paph. insigne*

地生植物。アッサム〜中国（雲南南西部）、ミャンマーの標高1,000〜1,600mに分布。花茎は長さ20〜30cm、1花をつける。花径は7〜10cm。花期は10〜12月。種形容語 *insigne* は、ラテン語で「著名な」の意。本属のタイプ種で、交雑親として重要。'オディッティ'（'Oddity'）は、側花弁と唇弁が袋状となる奇妙な個体として知られる。

'オディッティ'

パフィオペディルム・アルメニアクム

パフィオペディルム・ベラツルム

パフィオペディルム・ブレニアヌム

パフィオペディルム・カロスム

● パフィオペディルム・アルメニアクム
学名：*Paph. armeniacum*
岩生・地生植物。中国・雲南省西部〜ミャンマー北部の標高1,400〜2,250mに分布。葉表面に濃緑色と緑白色の斑紋が入る。花茎は長さ20〜30cm、1花をつける。花径6〜11cm。花期は3〜5月。種形容語 *armeniacum* は、ラテン語で「アンズ色」の意で、花色に因む。1979年、雲南省の碧江の石灰岩の岩場で発見。

● パフィオペディルム・ベラツルム
学名：*Paph. bellatulum*
地生植物。中国（広西・雲南）、ミャンマー、タイの標高300〜1,800mに分布。葉表面に斑紋。短い花茎に1花をつける。花は白色地に濃紫色の斑点が入り、径5〜8cm。花期は4〜6月。種形容語 *bellatulum* は、ラテン語で「魅惑的な」の意。

● パフィオペディルム・ブレニアヌム
学名：*Paph. bullenianum*
岩生または地生植物。インドネシア、マレーシアの標高0〜1,850mに分布。葉表面に緑色と淡緑色の斑紋が入る。花茎は直立し、長さ25〜35cm、1花をつける。花径は9cmほど。花期は3〜5月。種形容語 *bullenianum* は、19世紀イギリスのラン栽培家ブレン（Bullen）への献名。

● パフィオペディルム・カロスム
学名：*Paph. callosum*
地生植物。インドシナ半島〜マレーシア半島北西部の標高300〜1,300mに分布。葉表面には深緑色と薄緑色の斑紋が入る。花茎は直立し、長さ30〜40cm、1花をつける。花径は8〜11cm。側花弁上縁にいぼ状斑点がある。花期は3〜5月。種形容語 *callosum* は、ラテン語で「硬皮（タコ）状の」の意で、側毛弁のいぼ状斑点に因む。

パフィオペディルム・チャールズワーシイ

● パフィオペディルム・チャールズワーシイ
学名：*Paph. charlesworthii*

地生植物。アッサム〜中国(雲南西部)の標高1,200〜1,600mに分布。花茎は直立し、長さ7〜10cm、1花をつける。花径は6〜8cm。桃紫色の上萼片が美しい。花期は9〜10月。種形容語 *charlesworthii* は、本種をイギリスで初めて開花させたチャールズワース(J. Charlesworth)への献名。

パフィオペディルム・コンコロル

● パフィオペディルム・コンコロル
学名：*Paph. concolor*

地生または岩生植物。中国(広西、貴州、雲南)〜インドシナ半島の標高0〜1,400mに分布。葉表面に斑紋が入る。花茎は直立し、長さ5〜13cm、1〜2花をつける。花径は5〜7cm。花色は黄色地に紫紅色の細点が入る。花期は5〜8月。種形容語 *concolor* は、ラテン語で「単色の」の意で、花色に因む。

パフィオペディルム・デイアヌム

● パフィオペディルム・デイアヌム
学名：*Paph. dayanum*

地生植物。ボルネオの標高300〜1,450mに分布。葉表面に斑紋が入る。花茎は直立し、長さ20〜25cm、1花をつける。花は大きく、花径13〜15cm。花期は3〜5月。種形容語 *dayanum* は、本種をイギリスで初めて開花させたラン愛好家のデイ(Day)への献名。

パフィオペディルム・デレナティイ

● パフィオペディルム・デレナティイ
学名：*Paph. delenatii*

地生植物。中国(広西、雲南)〜ベトナムの標高750〜1,500mに分布。花茎は直立し、長さ20〜25cm、1〜2花をつける。花径は6〜8cm。花色は白色に微紅色を帯びる。花期は1〜4月。種形容語 *delenatii* は、本種をヨーロッパに紹介したデレナット(M. Delenat)への献名。

パフィオペディルム・ディアンツム

● パフィオペディルム・ディアンツム
学名：*Paph. dianthum*
岩生植物。中国（広西、貴州、雲南）～ベトナム北部の標高550～2,250mに分布。花茎は直立し、長さ30～80cm、ふつう2～5花をつける。花長は10～12cmで、線状披針形の側花弁はねじれて下垂する。花期は7～10月。種形容語 *dianthum* はラテン語で「2花の」の意で、花の付き方に因む。

パフィオペディルム・フェアリアヌム

● パフィオペディルム・フェアリアヌム
学名：*Paph. fairrieanum*
地生植物。ヒマラヤ東部～アッサムの標高1,200～3,000mに分布。花茎は直立し、長さ10～25cm、1まれに2花つける。花径は3.5～4cm。側花弁の先は後方へ曲がる。花期は10～1月。種形容語 *fairrieanum* は、本種を初めて開花させたイギリスのラン愛好家フェアリ（Fairrie）への献名。

パフィオペディルム・ハイナルディアヌム

● パフィオペディルム・ハイナルディアヌム
学名：*Paph. haynaldianum*
地生または着生植物。フィリピン（ルソン島、ネグロス島）の標高0～1,400mに分布。花茎は直立または斜上し、長さ35～45cm、数花をつけ、同時期に開花する。花径は12～15cm。花期は1～3月。種形容語 *haynaldianum* は、ハンガリーの聖職者、博物学者であるハイナルド・ラヨシュ（Haynald Lajos）への献名。

パフィオペディルム・ヘンリアヌム

● パフィオペディルム・ヘンリアヌム
学名：*Paph. henryanum*
地生または岩生植物。中国（広西、雲南）、ベトナム北部の標高700～1,300mに分布。花茎は直立し、長さ12～15cm、1花をつける。花径は6～7cm。花期は9～11月。種形容語 *henryanum* は、アイルランド出身の中国における植物収集家オーガスティン・ヘンリー（A. Henry）への献名。

パフィオペディルム・コロパキンギイ

パフィオペディルム・ローウィイ

パフィオペディルム・マリポエンセ

パフィオペディルム・ミクランツム

● パフィオペディルム・コロパキンギイ
学名：*Paph. kolopakingii*
地生または岩生植物。ボルネオ島の標高600～1,100mに分布。花茎は弓状、長さ20～80cm、5～19花をつけ、ほぼ同時期に開花する。花径は8～15cm。花期は7～9月。種形容語 *kolopakingii* は、インドネシア出身のラン採集家ハルト・コロパキング（H. Kolopaking）への献名。

● パフィオペディルム・ローウィイ
学名：*Paph. lowii*
着生植物。インドネシア、マレーシアの標高250～1,600mに分布。花茎は直立または斜上し、3～7花をつける。花径は11～16cm。側花弁は横～やや斜め下方へ開帳する。花期は4～6月。種形容語 *lowii* は、本種を発見したイギリスの植民地施政官、博物学者ヒュー・ロー（H. Low）への献名

● パフィオペディルム・マリポエンセ
学名：*Paph. malipoense*
着生植物。中国南部～ベトナム北部の標高450～1,600mに分布。花茎は直立し、長さ30～40cm、1花をつける。花は淡緑色に褐色の細点が入り、径7～11cm。仮雄ずいの基部は黒紫色で目立つ。花期は1～4月。種形容語 *malipoense* は、原産地の中国・雲南省の麻栗坡（Malipo）県に因む。

● パフィオペディルム・ミクランツム
学名：*Paph. micranthum*
地生植物。中国（湖南～雲南）、ベトナム北部の標高400～1,700mに分布。葉表面に深緑色と薄緑色の斑紋が入る。花茎は直立し、長さ8～15cm、1花をつける。花径は5～7cm。唇弁は微紅色を帯び、巾着形で大きく、前方に突き出る。花期は3～5月。種形容語 *micranthum* は、ラテン語で「小さな花」の意。

パフィオペディルム・モッケテアヌム

◉ パフィオペディルム・モッケテアヌム
学名：*Paph. moquetteanum*
異名：*Paph. glaucophyllum var. moquetteanum*

岩生植物。ジャワ島南西部の標高150〜350mに分布。花茎は直立し、長さ20〜30cm、多花つき、1花ずつ開花する。花径は9〜10cm。種形容詞 *moquetteanum* は、インドネシアで農業、考古学に貢献したモケット（J. P. Moquette）への献名。

パフィオペディルム・ニベウム

◉ パフィオペディルム・ニベウム
学名：*Paph. niveum*

地生または岩生植物。マレー半島、タイ南部の標高0〜200mに分布。葉表面は深緑色と灰緑色の斑紋が入る。花茎は直立し、長さ10〜15cm、1〜2花をつける。花は白色で、径6〜8cm。花期は6〜7月。「ランの女王」と称される。種形容詞 *niveum* は、ラテン語で「雪白色の」の意で、花色に因む。

パフィオペディルム・フィリピネンセ

◉ パフィオペディルム・フィリピネンセ
学名：*Paph. philippinense*

地生または岩生植物。ボルネオ島北部〜フィリピンの標高0〜500mに分布。花茎は直立し、長さ25〜50cm、2〜6花をつける。花径は8cmほど。花期は3〜7月。側花弁は栗色、長さ12〜16cmでよじれる。種形容詞 *philippinense* は、ラテン語で「フィリピンの」の意で、原産地に因む。

パフィオペディルム・プリムリヌム

◉ パフィオペディルム・プリムリヌム
学名：*Paph. primulinum*

岩生植物。スマトラ島の標高0〜500mに分布。花茎は直立し、長さ25〜30cm、数花つけ、ふつう1花ずつ開花する。花は黄色を帯び、径7cmほど。花期は3〜6月。種形容詞 *primulinum* は、ラテン語で「プリムラ・ブルガリス（*Primula vulgaris*）のような黄花」の意で、花色に因む。

◉ パフィオペディルム・ロスチャイルディアヌム　学名：*Paph. rothschildianum*

地生または岩生植物。ボルネオ島北部キナバル山の標高600〜1,200mに分布。花茎は直立し、長さ40〜60cm、2〜6花をつけ、ほぼ同時期に開花。花は径15〜25cm。側花弁は長さ10〜14cmで、斜め下方に張り、受粉を媒介するハナアブを誘うために斑点と細毛で覆われる。花期は4〜6月。その雄大な花姿から「ランの王」と呼ばれる。種形容語 *rothschildianum* は、イギリスの園芸後援者ロスチャイルド男爵（F. J. de Rothschild）への献名による。1887年、ベルギーのランダン（J. J. Linden）によってニューギニア産としてヨーロッパに紹介され、翌年、新種として発表された。その後、自生地の確認ができず、1980年になって遠く離れたキナバル山で再確認された。

左・上とも／パフィオペディルム・ロスチャイルディアヌム
上は仮雄ずい部分。仮雄ずいの毛をアリマキと間違え、ハナアブが仮雄ずいに産卵しようとし、袋状の唇弁に落ち、花粉塊を体表につけて唇弁最上部から脱出することで受粉が完了する。

◉ パフィオペディルム・スカクリイ
学名：*Paph. sukhakulii*

地生植物。タイ北東部の標高250〜1,000mに分布。花茎は直立し、長さ20〜25cm、1花をつける。花径は11〜15cm。側花弁が真横に開帳する特徴があり、子孫にも強く遺伝する。花期は1〜4月。種形容語 *sukhakulii* は、1964年に本種を発見したスカクン（P. Sukhakul）への献名による。

上・右とも／パフィオペディルム・スカクリイ（タイ北部のルーイ県にて）

パフィオペディルム・スパルディイ

パフィオペディルム・ベヌスツム

パフィオペディルム・ビクトリアレギア

パフィオペディルム・ビロスム（タイ北部のルーイ県にて）

● パフィオペディルム・スパルディイ
学名：*Paph. supardii*

岩生植物。ボルネオ島の標高600～1,000mに分布。花茎は長さ50～60cm、3～7花つけ、ほぼ同時期に開花する。花長は9～10cm。側花弁の先は不規則によじれて曲がる。花期は5～6月。種形容語 *supardii* は、本種を発見したインドネシアのラン愛好家スパルディ（H. Supardi）への献名。

● パフィオペディルム・ベヌスツム
学名：*Paph. venustum*

地生植物。ネパール東部～バングラデシュ北東部、チベット南部の標高0～1,600mに分布。花茎は直立し、長さ15～25cm、1花をつける。花径は7～8cm。唇弁は淡黄色地に濃緑色の筋が網目状に入る。花期は1～3月。種形容語 *venustum* は、ラテン語で「可憐な」という意。

● パフィオペディルム・ビクトリアレギア
学名：*Paph. victoria-regina*

岩生植物。スマトラ島の標高800～1,600mに分布。花茎は斜上し、長さ25～35cm、多花をつけ、長期間にわたり1～2花ずつ開花する。花径は8～10cm。唇弁は赤紫色、細かい斑点が入る。花期は3～7月。種形容語 *victoria-regina* は、ビクトリア女王への献名。

● パフィオペディルム・ビロスム
学名：*Paph. villosum*

着生植物。アッサム～中国南部、インドシナの標高1,100～2,200mに分布。花茎は弓状、長さ20～30cm、1花をつける。花径10～13cm。花期は11～3月。種形容語 *villosum* は、ラテン語で「長軟毛の」の意で、花茎と子房に長い軟毛があることに因む。本属の交配親として重要な種。1853年、イギリスのプラントハンターであるトーマス・ロブ（T. Lobb）により発見された。

パフィオペディルム属の人工交雑種 *Paphiopedilum*［略号：*Paph.*］

パフィオペディルム・フミズ・ディライト'スーパー・クールNo.7'

◉ **パフィオペディルム・フミズ・ディライト**
学名：*Paph.* Fumi's Delight
交配親：*Paph. armeniacum*
　　　　× *Paph. micranthum*
登録：1994年　登録者：Yamato-Noen
写真は優良個体'スーパー・クールNo.7'（'Super Cool No. 7'）。両種の特徴をよく引き継ぎ、丸みのある唇弁が魅力的。

パフィオペディルム・ハリー・ポッター'ワンダー・マックス'

◉ **パフィオペディルム・ハリー・ポッター**
学名：*Paph.* Harry Potter
交配親：*Paph.* Oil Painting
　　　　× *Paph. bellatulum*
登録：2015年　登録者：Yamato-Noen
片親の *Paph. bellatulum* の形質から、前面に大小の斑点が入る。写真は優良個体'ワンダー・マックス'（'Wonder Max'）。

パフィオペディルム・リッペワンダー'ムツミ'

◉ **パフィオペディルム・リッペワンダー**
学名：*Paph.* Lippewunder
交配親：*Paph.* Anja
　　　　× *Paph.* Memoria Arthur Falk
登録：1989年　登録者：F. Hark
大型の整形花。背萼片は黄色地で中央部に濃褐色斑が入る。写真は優良個体の'ムツミ'（'Mutsumi'）。

パフィオペディルム・ピンク・パレス'チェリー・バルーン'

◉ **パフィオペディルム・ピンク・パレス**
学名：*Paph.* Pink Palace
交配親：*Paph.* Burpham
　　　　× *Paph.* Ice Castle
登録：2012年　登録者：Tokyo O. N.
ピンク地に紫色の斑点が入る著名なピンク整形花。写真は優良個体の'チェリー・バルーン'（'Cherry Balloon'）。

● パフィオペディルム・セント・スイシン
学名：*Paph.* Saint Swithin
交配親：*Paph. philippinense*
　　　　× *Paph. rothschildianum*
登録：1901年　登録者：T. Statter
交雑親両種の特性をよく引き継ぐ多花性雑種。背萼片は淡黄白色地に紫褐色の縦筋が走る。側花弁は斜め下方に力強く伸び、威風堂々としている。多くの入賞花が知られる。

上・右とも　パフィオペディルム・セント・スイシン

パフィオペディルム・タンヤピンクパンク'ヒロ・オオタニ'

● パフィオペディルム・タンヤピンクパンク
学名：*Paph.* Tanja Pinkepank
交配親：*Paph. micranthum*
　　　　× *Paph. fairrieanum*
登録：1992年　登録者：H. Pinkepank
パフィオペディルム・ミクランツム（24頁）の色合いに、パフィオペディルム・フェアリアヌム（23頁）の幽玄さを加味した優品。写真は優良個体の'ヒロ・オオタニ'（'Hiro-Otani'）。

パフィオペディルム・サンダー・キャット'エイリアン・アイズ'

● パフィオペディルム・サンダー・キャット
学名：*Paph.* Thunder Cat
交配親：*Paph.* Jenna Marie
　　　　× *Paph.* Pandemonium
登録：1997年　登録者：Orchids Royale
よく知られた整形花で、優良個体が多数生まれている。写真は優良個体の'エイリアン・アイズ'（'Alien Eyes'）。

029

フラグミペディウム属の野生種 *Phragmipedium* [略号：Phrag.]

メキシコ南西部〜熱帯アメリカ南部に26種が分布。唇弁は袋状となる。属名 *Phragmipedium* は、ギリシア語の phragma（分割、隔壁）と pedilon（スリッパ）の2語からなり、子房に隔壁があり3室に分かれていることに因む。タイプ種：*Phrag. caudatum*。

フラグミペディウム・コバチイ

◉ フラグミペディウム・コバチイ
学名：*Phrag. kovachii*

地生植物。ペルー北東部の標高1,600〜2,100mに分布。花茎は直立、長さ23〜25cm、1まれに2〜3花をつける。花は鮮やかな赤紫色。花径は本属最大の15〜20cm。花期は冬〜春。種形容語 *kovachii* は、本種を2002年にアメリカに導入したコバック（M. Kovach）への献名。フラグミペディウム・ベセアエとともに、色鮮やかな交雑種の育種親として重要。

||オーキッド・トリビア|| フラグミペディウム・コバチイは色鮮やかで大きな花だけでなく、発見にまつわる不祥事から、ラン発見史上最大の話題を提供したといえる。アメリカのラン収集家マイケル・コバック（Michael Kovach）はペルーの露天商から本種の株を購入し、密輸によりアメリカ・フロリダ州のマリー・セルビー植物園に持ち込んだ。不正に持ち込んだ株を基に新種として発表されることなった（2002年）。コバックは起訴され、2年間の保護観察期間と1,000ドルの罰金を科せられた。また、マリー・セルビー植物園も5,000ドルの罰金が科せられ、スタッフも6か月間の制限命令を受けた。

フラグミペディウム・ベセアエ

◉ フラグミペディウム・ベセアエ
学名：*Phrag. besseae*

岩生または地生植物。エクアドル〜ペルー北部の標高1,300〜1,500mに分布。花茎は直立し、長さ15〜20cm、1〜4花をつける。花は褐赤色で、径6〜7.5cm。側花弁は水平に開帳する。卵形の唇弁には縦筋が入る。花期は7〜9月。種形容語 *besseae* は、本種を1981年に発見した発見者の一人ベッセ（Mrs. E. L. Besse）への献名。交雑親の重要種。

フラグミペディウム・カウダツム

フラグミペディウム・ロンギフォリウム

● **フラグミペディウム・カウダツム**
学名：*Phrag. caudatum*
地生または着生植物。ペルー～ボリビアの標高1,600～3,000mに分布。花茎は直立し、長さ40～60cm、3～4花をつけ、ほぼ同時期に開花する。最も特徴的な形質は側花弁で、よじれながら下垂し、長さ30～80cm。側花弁は微風にも揺れ動き、悪臭を放って花粉媒介者のハナバチを引き寄せる。同じような形態のランとして、近縁属のパフィオペディラム・サンデリアナム（20頁）が知られる。種形容語 *caudatum* は、ラテン語で「尾のある、尾状の」の意で、側花弁の形態に因む。1840年に *Cypripedium caudatum* の学名で新種として発表された。1896年、本種をタイプ種として、新たにフラグミペディウム属が設けられた。

● **フラグミペディウム・ロンギフォリウム**
学名：*Phrag. longifolium*
地生植物。コスタリカ～エクアドル、ブラジルの標高1,300m付近に分布。花茎は直立し、長さ35～45cm、数花つけ、1花ずつ開花する。花径は12～15cm。側花弁は長さ5～10cm、よじれながら斜め下方にのびる。花期は主に夏～秋。種形容語 *longifolium* は、ラテン語で「長い葉の」の意で、長さ40～80cmの葉を持つことに因む。

● **フラグミペディウム・ピアセイ**
学名：*Phrag. pearcei*
地生植物。エクアドル～ペルー北東部の標高300～1,200mに分布。花茎は直立し、長さ20～50cm、数花つけ、1花ずつ開花する。花径は6～8cm。側花弁は長さ7～8.5cmで、斜め下方にのびる。仮雄ずい上部に黒色短毛が生える。種形容語 *pearcei* は、本種を発見したイギリスのラン採取家ピアーズ（R. Pearce）への献名。

フラグミペディウム・ピアセイ

フラグミペディウム・サージェンティアヌム

●フラグミペディウム・サージェンティアヌム
学名：*Phrag. sargentianum*
異名：*Phrag. lindleyanum*
　　　　var. *sargentianum*

地生または岩生植物。ブラジル北東部の標高600〜1,000mに分布。花茎は直立し、長さ20〜50cm、3〜5花つき、1花ずつ開花する。花径10cmほど。花期は1〜3月。種形容語 *sargentianum* は、アメリカのアーノルド樹木園のサージェント（C. S. Sargent）への献名。

フラグミペディウム・シュリミイ

●フラグミペディウム・シュリミイ
学名：*Phrag. schlimii*

地生植物。コロンビアの標高1,500〜1,800mに分布。花茎は直立し、長さ20〜35cm、5〜8花つける。花は淡紅色を帯び、小さく径4〜5cm。花期は秋〜冬。種形容語 *schlimii* は、ベルギーのラン収集家シュリム（L. J. Schlim）への献名。

フラグミペディウム属の人工交雑種　*Phragmipedium* ［略号：*Phrag.*］

フラグミペディウム・アンディアン・ファイヤー

●フラグミペディウム・アンディアン・ファイヤー
学名：*Phrag.* Andean Fire
交雑親：*Phrag. besseae*
　　　　× *Phrag. lindleyanum*
登録：1992年　登録者：L. Schordje

長い花茎に濃赤色の花を数花つけ、次々と開花する。花は細かい毛に覆われる。水を好む。

フラグミペディウム・カーディナレ 'バーチウッド'

●フラグミペディウム・カーディナレ
学名：*Phrag.* Cardinale
交雑親：*Phrag.* Sedenii
　　　　× *Phrag. schlimii*
登録：1882年　登録者：Veitch

写真は優良個体の'バーチウッド'（'Birchwood'）で、以前はフラグミペディウム・シュリミイ（上記）の個体と考えられていた。兄弟個体に'ウィルコックス'（'Wilcox'）が知られる。

フラグミペディウム・ドン・ウィンバー'ヒトミ'

●フラグミペディウム・ドン・ウィンバー
学名：*Phrag.* Don Wimber
交雑親：*Phrag.* Eric Young
　　　　× *Phrag. besseae*
登録：1995年　登録者：E. Young O. F.
片親の *Phrag.* Eric Young は、種子親が *Phrag. besseae*（30頁）、花粉親が *Phrag. longifolium*（31頁）となっている。写真は'ヒトミ'（'Hitomi'）。

フラグミペディウム・フリッツ・ションバーグ'スカイライト・サン'

●フラグミペディウム・フリッツ・
　ションバーグ
学名：*Phrag.* Fritz Schomburg
交雑親：*Phrag. kovachii*
　　　　× *Phrag. besseae*
登録：2007年
登録者：Piping Rock Orch.
本属中最も注目される2種による交雑で、側花弁は *Phrag. kovachii*（30頁）の形質から幅広となる。写真は優良個体の'スカイライト・サン'（'Skylight Sun'）。

フラグミペディウム・ジェリー・リー・フィッシャー'ミエコ'

●フラグミペディウム・ジェリー・
　リー・フィッシャー
学名：*Phrag.* Jerry Lee Fischer
交雑親：*Phrag. besseae*
　　　　× *Phrag.* Incan Treasure
登録：2014年
登録者：Orchids Ltd［MN］
片親の *Phrag.* Incan Treasure の種子親に *Phrag. kovachii*（30頁）が用いられている。写真は'ミエコ'（'Mieko'）。

フラグミペディウム・メモリア・ディック・クレメンツ

●フラグミペディウム・メモリア・
　ディック・クレメンツ
学名：*Phrag.* Memoria Dick Clements
交雑親：*Phrag. sargentianum*
　　　　× *Phrag. besseae*
登録：1992年　登録者：J. R. Edwards
花茎に3〜4花をつけ、1花の寿命が長い。

033

❖チドリソウ亜科・クラニキス連・シュスラン亜連

アネクトキルス属
Anoectochilus［略号：Anct.］

アネクトキルス属は熱帯および亜熱帯のアジアから太平洋地域に約40種が分布。属名 *Anoectochilus* は、古代ギリシア語で「開いた」と「唇弁」に由来し、唇弁の形態に由来する。葉に美しい葉脈が入るジュエル・オーキッド。タイプ種は *Anct. setaceus*。

（タイ北部のルーイ県にて）

● アネクトキルス・ロクスバリイ
学名：*Anct. roxburghii*
地生植物。ヒマラヤ〜中国南部、インドシナの標高300〜1,800mに分布。草丈15〜30cm。葉は卵形で、長さ2〜6cm、表面は濃緑紫色地に黄金色の脈が入る。唇弁中部には6〜8対の歯状片がある。花期は冬。種形容語 *roxburghii* は、スコットランドの医師、植物学者ウィリアム・ロクスバラ（W. Roxburgh）への献名。

ホンコンシュスラン属
Ludisia［略号：Lus.］

ホンコンシュスラン属は1属1種の単型属で、中国南部からインド、東南アジアの標高900〜1,300m分布。属名 *Ludisia* の由来は不明。葉に美しい葉脈が入るジュエル・オーキッドの仲間。

● ホンコンシュスラン　学名：*Lus. discolor*
地生植物。草丈15cmほど。葉は卵状披針形で、長さ5〜8cm、表面は緑紫色地に赤紫色または銅緑色地に銅赤色の脈が走る。花は白色で径1.5〜2cm。花期は秋〜冬。種形容語 *discolor* は、ラテン語で「異なった色の」の意で、葉色に因む。

ナンバンカモメラン属
Macodes［略号：Mac.］

ナンバンカモメラン属は南西諸島南部、ベトナム〜バヌアツに約10種が分布。属名の由来は不明。葉に美しい葉脈が入るジュエル・オーキッド。タイプ種は *Mac. petola*。

● ナンバンカモメラン　学名：*Mac. petola*
地生植物。南西諸島南部、マレー半島などの標高100〜1,500mに分布。草丈20〜25cm。葉は卵形、長さ5〜10cm、表面は暗緑色地に黄金脈が網目状に走る。花は銅褐色、径2cm。花期は夏。種形容語 *petola* は、古代ギリシア語で「葉柄の」の意で、葉柄に溝があることに由来すると思われる。

❖チドリソウ亜科・クラニキス連・プテロスティリス亜連

プテロスティリス属

Pterostylis［略号：Ptst.］

プテロスティリス属はオーストラリアを中心に、ニュージーランド、ニューカレドニアなどに200種以上が分布。地下に塊根がある。属名 *Pterostylis* は、ラテン語で「翼」と「柱」の意で、蕊柱に翼片があり、手斧形であることに因む。タイプ種は Ptst. curta。

● プテロスティリス・バルバタ
学名：*Ptst. barbata*

地生植物。オーストラリア南西部の標高10～500mに分布。花茎は長さ約40cm、1花をつけ、半透明の淡緑色。唇弁は長さ約2cmで、糸状、まばらに長縁毛を生じ、微風でも揺れ動く。花期は7～9月。横から見ると鳥に似る。種形容語 *barbata* は、ラテン語で「髭のある」の意で、唇弁の長縁毛に因む。

プテロスティリス・バルバタ（オーストラリア・西オーストラリア州にて）

● プテロスティリス・クルタ
学名：*Ptst. curta*

地生植物。オーストラリア西部・南西部、ニューカレドニアなどの標高400～1,400mに分布。草丈10～30cm。1花をつけ、半透明の緑色。背萼片と側花弁が集まって頭巾状となり、長さ2～3.5cm。花期は夏～冬。種形容語 *curta* は、ラテン語で「短縮した」の意で、背萼片が短いことに因む。

プテロスティリス・クルタ

● プテロスティリス・サンギネア
学名：*Ptst. sanguinea*

地生植物。オーストラリア南部～タスマニアの標高400m付近に分布。高さ15～40cm。1～10花をつける。花は長さ1.5～2.5cm。背萼片と側花弁が集まって頭巾状となる。唇弁は暗褐色で、昆虫が触れると上に反り返って昆虫にずい柱を押し付け、花粉塊をつける。花期は6月～9月。種形容語 *sanguinea* は、ラテン語で「血紅色の」の意で、花色に因む。

プテロスティリス・サンギネア（オーストラリア・西オーストラリア州にて）

❖チドリソウ亜科・クラニキス連・ネジバナ亜連　❖チドリソウ亜科・クラニキス連・コオロギラン亜連

ネジバナ属

Spiranthes［略号：*Spir.*］

ネジバナ属は世界の熱帯〜温帯に40〜50種が広く分布。属名 *Spiranthes* は古代ギリシア語で「ねじれた」と「花」の2語からなり、花序に花がらせん状につくことに因む。タイプ種は *Spir. spiralis*。

● **ネジバナ**　学名：*Spir. sinensis*
地生植物。中国南部、日本、オセアニアなどの標高100〜2,000mに分布。草丈10〜40cm。花は多数がらせん状につき、写真のように右巻きと左巻きがある。花色は淡紅色。花期は初夏。日当たりのよい草地に生え、芝生地を好む。種形容語 *sinensis* は、ラテン語で「中国の」の意で、自生地に因む。

ステノリンコス属

Stenorrhynchos［略号：*Strs.*］

ステノリンコス属はメキシコ〜熱帯アメリカに5種が分布。属名 *Stenorrhynchos* は古代ギリシア語で「狭い」と「嘴」の2語からなり、花粉塊の粘着体が細いことに因む。タイプ種は *Strs. speciosum*。

● **ステノリンコス・スペキオスス**
学名：*Strs. speciosum*
地生植物。メキシコ〜ベネズエラ、コロンビア、ペルーの標高1,700〜2,000mに分布。草丈40〜60cm。多数の花を密につけ、赤色の苞がよく目立つ。花は筒形で、長さ約2cm。花期は秋〜冬。種形容語 *speciosum* は、ラテン語で「美しい」の意で、花に因む。

コリバス属

Corybas［略号：*Cbs.*］

コリバス属は熱帯・亜熱帯アジア〜太平洋諸島などに約120種が分布。属名 *Corybas* は羽飾りの兜を被っていたギリシアの男性ダンサーであるコリバス（Korybas）に由来する。タイプ種は *Cbs. acontiflorus*。

● **コリバス・カリナツス**　学名：*Cbs. carinatus*
地生植物。マレーシア、ジャワ、ボルネオ、スマトラの標高900m付近に分布。草丈約3cm。地下に塊根がある。花茎に1花をつける。背萼片は僧帽状となり、長さ約2cm、唇弁をおおうように湾曲する。花期は不明。種形容語 *carinatus* は、ラテン語で「背陵のある」の意。

（マレーシアのキャメロンハイランドにて）

❖チドリソウ亜科・ディウリス連・カラデニア亜連

カラデニア属

Caladenia［略号：*Calda.*］

カラデニア属はオーストラリア南西部を中心に、ニュージーランドなどに約250種が分布。属名 *Caladenia* は、ラテン語で「美しい」と「腺」の2語からなり、唇弁に腺状の膨らみが美しいことに因む。地下部に塊茎がある。タイプ種は *Calda. carnea*。

カラデニア・フラバ（オーストラリア・西オーストラリア州にて）

● カラデニア・フラバ
学名：*Calda. flava*
地生植物。オーストラリア南西部の低地を中心に分布。草丈は10～25cm。茎頂に1～4花をつける。花は黄色で、径4～5cm。背萼片中央に赤褐色の筋や斑が入る。自生地花期は8～9月。種形容語 *flava* は、ラテン語で「黄色の」の意で、花色に由来する。オーストラリア南西部では最も一般的なラン。

● カラデニア・ファルカタ
学名：*Calda. falcata*
地生植物。オーストラリア南西部の標高50～350mに分布。草丈は約50cm。茎頂に3花をつける。花は緑色を帯び、褐赤色の筋が入り、径は約8cm。自生地花期は8～9月。種形容語 *falcata* は、ラテン語で「鎌状の」に意で、側花弁の形に因む。英名は花形より fringed mantis orchid（縁取られたカマキリラン）。

カラデニア・ファルカタ（オーストラリア・西オーストラリア州にて）

● カラデニア・フィリフェラ
学名：*Calda. filifera*
地生植物。オーストラリア南西部の標高200～350mに分布。草丈16～25m。茎頂に1～3花をつける。花は血紅色で、長さ8～14cm。萼片と側花弁が細長い糸状。自生地花期は8～9月。種形容語 *filifera* はラテン語で「糸を持った」の意で、花形に因む。花形がクモに似ており、花色から、英名は blood spider orchid。

カラデニア・フィリフェラ（オーストラリア・西オーストラリア州にて）

037

キアニクラ属
Cyanicula［略号：*Cca.*］

キアニクラ属はオーストラリア南西部を中心に10種が分布。地下部に塊茎がある。属名*Cyanicula*は、ラテン語で「藍色の」の意で、多くの種の花色が青色であることに因む。タイプ種は*Cca. gemmata*。カラデニア属(37頁)に含まれるとする説がある。

(オーストラリア・西オーストラリア州にて)

●キアニクラ・ゲンマタ
学名：*Cca. gemmata*
地生植物。オーストラリア南西部の標高20〜350mに分布。花茎は直立し、長さ5〜15cm、1〜3花をつける。花色は鮮やかな青色で、径2〜5cm。自生地花期は9〜10月。種形容語*gemmata*はラテン語で「宝石のように輝く」の意で、唇弁の突起に因む。

エリスランテラ属
Elythranthera［略号：*Elth.*］

エリスランテラ属はオーストラリア南西部に2種が分布する。地下部に塊茎がある。属名*Elythranthera*は、ラテン語で「葯を覆う」の意で、ずい柱が葯を覆うことに因む。タイプ種は*Elth. brunonis*。カラデニア属(37頁)に含まれるとする説がある。

エリスランテラ・ブルノニス(オーストラリア・西オーストラリア州にて)

●エリスランテラ・ブルノニス
学名：*Elth. brunonis*
地生植物。オーストラリア南西部の標高5〜350mに分布。草丈15〜30cm。花はエナメル質の光沢がある紫色で、径1〜3cm。自生地花期は8〜10月。種形容語*brunonis*は、スコットランドの植物学者ロバート・ブラウン(R. Brown)への献名。

●エリスランテラ・エマルギナタ
学名：*Elth. emarginata*
地生植物。オーストラリア南西部の標高5〜350mに分布。草丈12〜25cm。花はエナメル質の光沢があるピンク色、径3〜5cm。自生地花期は10〜11月。前種に比べて一回り大きく、開花期が遅い。種形容語*emarginata*は、ラテン語で「凹頭の」の意で、唇弁にある浅い割れ目に因む。前種との自然雑種が知られる。

エリスランテラ・エマルギナタ(オーストラリア・西オーストラリア州にて)

❖チドリソウ亜科・ディウリス連・カラデニア亜連　❖チドリソウ亜科・ディウリス連・オオスズムシラン亜連

レプトケラス属

Leptoceras [略号：Lcs.]

レプトケラス属はオーストラリア南部に1種のみが分布。地下部に塊茎を持ち、根の先端に新しい塊根を作るため群落となることが多い。属名 *Leptoceras* は、ギリシア語で「細長い」と「角」の2語からなり、直立する側花弁が動物の角に似ることに因む。

（オーストラリア・西オーストラリア州にて）

●レプトケラス・メンジシイ
学名：***Lcs. menziesii***

地生植物。オーストラリアの西オーストラリア州などの標高400m付近に分布。花茎は直立し、長さ10〜30cm、1〜5花をつける。花径は1cmほど。側花弁は暗赤色。自生地花期は9〜10月。種形容語 *menziesii* はスコットランドの医師、植物学者のメンジーズ（A. Menzies）への献名。

フェラデニア属

Pheladenia [略号：Phel.]

フェラデニア属はオーストラリア南西および南東部に1種のみが分布。地中深くに塊根をつくる。属名 *Pheladenia* は古代ギリシア語で「偽の」と「腺」の2語からなり、唇弁の腺に似た突起に因む。

（オーストラリア・西オーストラリア州にて）

●フェラデニア・デフォルミス
学名：***Phel. deformis***

地生植物。オーストラリアの西オーストラリア州などの標高1,000mまでに分布。花茎は直立し、長さ5〜15cm、1まれに2花つける。花は青色で、径2〜3cm。自生地花期は5〜9月。種形容語は、ラテン語で「奇形の」の意で、当初はカラデニア属（37頁）の奇形と考えられたことに因む。

クリプトスティリス属

Cryptostylis [略号：Csy.]

クリプトスティリス属は熱帯・亜熱帯アジア〜南西諸島に20数種が分布。属名はギリシア語で「隠れた」の意で、唇弁の内側にずい柱が隠れていることに因む。タイプ種は *Csty. erecta*。

（マレーシアのキャメロンハイランドにて）

●クリプトスティリス・アラクニテス
学名：***Csy. arachnites***　地生植物。熱帯アジアなどの標高300〜2,200mに分布。草丈25〜40cm。花茎に数花〜20花つける。唇弁を上にして咲く。自生地開花は2月。種形容語 *arachnites* は、古代ギリシア語で「クモのような」の意で、花形に因む。

039

❖チドリソウ亜科・ディウリス連・ディウリス亜連

ディウリス属　*Diuris*

ディウリス属はオーストラリアを中心に60種以上が分布。属名 *Diuris* は古代ギリシアで「2個」と「尾」の2語からなり、垂れ下がる細長い側萼片に因む。地下部に小さな塊茎を持つ。英名は donkey orchids で、上に立ち上げる側花弁をロバの耳に見立てたことに因む。タイプ種は *Diuris aurea*。

●ディウリス・パーディー　学名：*Diuris purdiei*

地生植物。オーストラリア・西オーストラリア州の州都パース南部湿地帯の標高50〜250mに自生。草丈15〜35cm。茎頂に1〜8花をつける。花は径2〜3.5cm、黄色、唇弁基部は赤褐色。自生地花期は9月下旬〜10月。種形容語 *purdiei* は、本種を1902年に発見したパーディー（A. Purdie）への献名。株の周りの樹木は前年2月に起こった山火事のため焼け焦げている。

ディウリス・パーディー（オーストラリア・西オーストラリア州にて）

‖**オーキッド・トリビア**‖ オーストラリアは年間を通して降水量が少ないため、「乾燥大陸」とも呼ばれ、山火事が頻発する地域である。山火事から逃げることができない動植物にとって、山火事への適応が非常に重要である。多くのラン科植物は、山火事をライフサイクルの一部とし、それに適応している。山火事に耐えるだけでなく、山火事後には十分な日照と灰などの養分が確保できるため、オーストラリア産の多くのラン科植物は山火事後、数シーズンにわたり多くの花を咲かせる傾向がある。その中でも、ディウリス・パーディーは山火事の後の1シーズンのみに開花する特性で知られている。自生地を確認することがそもそも困難である一方、自生地であるパース近郊の地域が都市化と農地化が進行しており、本種の絶滅が危惧されている。さらに、このランの不思議な開花の生態が絶滅のリスクを高めている。したがって、新たな開発地域において、ディウリス・パーディーが生息している可能性があるかどうかを検討する必要があるため、本種を発見した場合、州政府に報告することが求められている。

ディウリス・コリンボサ（オーストラリア・西オーストラリア州にて）

●ディウリス・コリンボサ
学名：*Diuris corymbosa*

地生植物。オーストラリア南西〜南東部の標高50〜400mに自生。草丈30〜45cm。茎頂に2〜8花をつける。花は黄色で、唇弁は褐色を帯び、径は約2cm。自生地花期は9〜10月。種形容語 *corymbosa* は、古代ギリシア語で「散房花序の」の意で、花序を誤って散房花序と考えたことに因む。

ディウリス・ロンギフォリア（オーストラリア・西オーストラリア州にて）

●ディウリス・ロンギフォリア
学名：*Diuris longifolia*

地生植物。オーストラリア南西部の標高5〜250mに分布。草丈10〜35cm。茎頂に1〜7花をつける。花は紫色を帯び、径は約2cm。自生地花期は9月下旬〜11月。種形容語 *longifolia* は、ラテン語で「長い葉の」の意で、葉が長さ10〜20cmと長いことに因む。

ディウリス・マグニフィカ（オーストラリア・西オーストラリア州にて）

●ディウリス・マグニフィカ
学名：*Diuris magnifica*

地生植物。オーストラリア南西部の100m付近に自生。草丈30〜60cm。茎頂に3〜9花つける。唇弁は紫色を帯びる。花径は3〜5cm。自生地花期は8月下旬〜10月。種形容語 *magnifica* は、ラテン語で「壮大な」の意で、本属の中では大きい花であることに因む。

ディウリス・セグレガタ（オーストラリア・西オーストラリア州にて）

●ディウリス・セグレガタ
学名：*Diuris segregata*

地生植物。オーストラリア南西部に分布。草丈10〜20cm。茎頂に1〜5花つける。唇弁の褐色斑が目立つ。自生地花期は8〜9月。種形容語 *segregata* は、ラテン語で「分離した」の意で、似た地域に自生する *Diuris septentrionalis* から分離したことに因み、2013年に新種として発表された。

❖チドリソウ亜科・ディウリス連・ドラカエア亜連

ドラカエア属

Drakaea [略号：*Dra.*]

ドラカエア属はオーストラリア西部に10種が分布。地下に小さな塊茎を持つ。属名 *Drakaea* は、ランを多く描いた19世紀の植物画家サラ・アン・ドレーク（S. A. Drake）への献名。英名は hammer orchids で、特殊な花の形態に因む。タイプ種は *Dra. elastica*。

ドラカエア・グリプトドン（オーストラリア・西オーストラリア州にて）

●ドラカエア・グリプトドン
学名：*Dra. glyptodon*

地生植物。オーストラリア南西部の標高10〜250mの砂地に分布。草丈10〜35cm。茎頂に1花つける。花は長さ2〜3cm。唇弁は濃赤色で、基部は光沢のある黒い腺で覆われる。唇弁の柄は長さ0.5cmで、蝶つがい状となる。自生地花期は8〜10月。種形容語 *glyptodon* は、アルマジロに近縁の南アメリカの絶滅動物（*Glyptodon*）に因む。本属中、最も一般的。

ドラカエア・リビダ（オーストラリア・西オーストラリア州にて）

●ドラカエア・リビダ
学名：*Dra. livida*

地生植物。オーストラリア南西部の標高30〜300mに分布。草丈15〜40cm。茎頂に1花をつける。花は長さ2〜4cm。唇弁は褐紫色で紫黒色のいぼ状の腺に覆われる。自生地花期は8〜10月。種形容語 *livida* は、ラテン語で「青みを帯びた」の意で、あざのような唇弁の斑紋に因む。

‖**オーキッド・トリビア**‖ ハンマー・オーキッドと呼ばれるドラカエア属は、雌のジバチに似た唇弁と、ジバチの行動に適応した形態を持っている。雌は羽を持たず、地中に巣を作る。交尾の際にだけ巣から出て、草の葉の先に留まり、雄のジバチを待つ。そして、やがて飛んできた雄は雌バチを抱えて飛び去り、交尾を行う。ハンマー・オーキッドは、このジバチの生態行動を巧みに利用している。ハンマー・オーキッドの唇弁はジバチの雌に似ており、雄バチを誘う性フェロモンを放出している。雄バチはハンマー・オーキッドの唇弁を葉にとまった雌バチと勘違いし、空中で交尾するために抱きかかえて飛び上がろうとする。すると唇弁の蝶つがいの部分が180度回転し、生殖器官のずい柱に叩き付けられ、花粉塊が胸部につくこととなる。雄バチは他の花にも同じ行動をとり、受粉が成功する。

ドラカエア・リビダ
雄バチの代わりに、細い枝で唇弁を持ち上げて、蝶つがい部分で回転させた様子

❖チドリソウ亜科・ディウリス連・テリミトラ亜連

テリミトラ属

Thelymitra [略号：Thel.]

テリミトラ属はオーストラリアを中心に、ジャワからニュージーランドおよびニューカレドニアに110種以上が分布。地下に小さな塊茎をもつ。属名 *Thelymitra* は、古代ギリシア語で「雌の」と「帽子」を意味する2語からなり、帽子状のずい柱に因む。花が晴れて暖かい時のみ大きく開くことから、英名 sun orchids。タイプ種は *Thel. longifolia*。

テリミトラ・アンテンニフェラ（オーストラリア・西オーストラリア州にて）

● **テリミトラ・アンテンニフェラ**
学名：*Thel. antennifera*
英名：lemon-scented sun orchid, vanilla orchid

地生植物。オーストラリア南部の標高0～400mに分布。花茎は長さ約25cm、1～4花つける。花にはレモンまたはバニラ様の芳香があり、淡黄色～濃黄色で、径2～4cm。ずい柱の翼片は暗褐色。自生地花期は7～10月。種形容語 *antennifera* は、ラテン語で「小さなアンテナ」の意で、アンテナ状のずい柱の翼に因む。

テリミトラ・プルケリマ（オーストラリア・西オーストラリア州にて）

● **テリミトラ・プルケリマ**
学名：*Thel. pulcherrima*
英名：northern Queen of Sheba

地生植物。オーストラリア南西部の標高50～500mに分布。花茎は長さ10～35cm、2～5花つける。花は赤紫色で、黄色の筋や斑点が入り、極めて美しい。花径は3～5cm。自生地花期は6～8月。種形容語 *pulcherrima* は、ラテン語で「極めて美しい」の意で、美しい花に因む。*Thel. variegata* に近縁で、2009年に分離独立した。

テリミトラ・ビロサ（オーストラリア・西オーストラリア州にて）

● **テリミトラ・ビロサ**
学名：*Thel. villosa*　英名：custard orchid

地生植物。オーストラリア南西部の標高50～300mに分布。花茎は長さ約60cm、5～20花つける。花は黄色地に赤褐色の斑が入り、径3～4cm。自生地花期は9～11月。種形容語 *villosa* は、ラテン語で「長軟毛のある」の意で、葉が両面ともに白色の絹状毛に覆われることに因む。英名は花色に因む。

043

❖チドリソウ亜科・チドリソウ連・ディサ亜連　　❖チドリソウ亜科・チドリソウ連・チドリソウ亜連

ディサ属
Disa

ディサ属は熱帯および南アフリカ、マダガスカルなどに180種以上が分布。属名 *Disa* はスウェーデンの伝説の女王ディサ（Disa）に由来し、女王が身にまとう網を背萼片の模様に見立てたことに因むとされるが、諸説ある。タイプ種は *Disa uniflora*。

●ディサ・ウニフロラ　学名：*Disa uniflora*
地生植物。南アフリカ・ケープ州の標高100〜1,200mに分布。草丈20〜70cm。茎頂に1〜2、まれに5花つける。花は鮮赤色〜桃赤色で、径8〜10cm。花期は夏。種形容語 *uniflora* は、ラテン語で「単一の花」の意ではあるが、花茎に複数花つける方が多い。

キノルキス属
Cynorkis［略号：*Cyn.*］

キノルキス属はマダガスカルを中心に、熱帯および南アフリカなどに156種が分布。属名 *Cynorkis* は古代ギリシア語で「イヌ」と「睾丸」の2語からなり、地下部の塊根の形状に因む。タイプ種は *Cyn. fastigiata*。

●キノルキス・アングスティペタラ
学名：*Cyn. angustipetala*　　異名：*Cyn. guttata*
地生植物。マダガスカルの標高500〜2,000mに分布。草丈20〜30cm。茎頂に多花をつける。花径は2.5cmほど。側花弁と背萼片は小さく、重なって兜状になる。花期は冬。種形容語 *angustipetala* は、ラテン語で「狭い花弁」の意で、花形に因む。

ハクサンチドリ属
Dactylorhiza［略号：*Dact.*］

ハクサンチドリ属は北半球の亜寒帯〜温帯に約100種が分布。属名 *Dactylorhiza* は、古代ギリシア語で「指」と「根」の2語からなり、根部の指状の節に因む。タイプ種は *Dact. umbrosa*。

●ハクサンチドリ　学名：*Dact. aristata*
地生植物。日本、朝鮮半島、中国北部などに分布。草丈10〜40cm。茎頂に多花をつける。花は紅紫色で、径約1cm。唇弁は長さ約1cmで、3裂し、濃紫紅色の斑点が入る。花期は初夏。種形容語 *aristata* は、ラテン語で「芒のある」の意で、側萼片の先がとがることに因む。

❖チドリソウ亜科・チドリソウ連・チドリソウ亜連

アナカンプティス属

Anacamptis [略号：Ant.]

アナカンプティス属はヨーロッパ、地中海沿岸、中央アジアに約10種が分布。地下に小さな塊茎を持つ。属名 *Anacamptis* は、古代ギリシア語で「後ろ向きの櫛」の意で、苞の形態に因む。タイプ種は *Ant. pyramidalis*。

アナカンプティス・パピリオナケア

● アナカンプティス・パピリオナケア
学名：*Ant. papilionacea*
英名：pink butterfly orchid

地生植物。地中海沿岸のヨーロッパ南部、アフリカ北部、中央の標高0〜1,800mに分布。放牧地によく見られる。草丈10〜40cm。塊茎は卵形。茎頂に5〜15花をつける。花色はピンク色を帯びる。背萼片と側花弁は集まって兜状になる。唇弁は3裂して大きく目立つ。花期は3〜5月。種形容語 *papilionacea* は、ラテン語で「蝶のような」の意で、英名とともに花形に因む。

‖オーキッド・トリビア‖ アナカンプティス・パピリオナケアは2種類の受粉方法を併用する珍しいランとして知られる。一つは、ポリネーターであるハチに提供するための花蜜を作らず、周辺に自生する花蜜をたっぷり作る植物の花に擬態することでポリネーターをおびき寄せている。二つ目は、ポリネーターの雌に擬態することでポリネーターの雄をおびき寄せる方法である。さらに、訪れたハチは一晩この花に留まることが観察されており、ハチを引き寄せる魅力的な物質を発していることが考えられている。

アナカンプティス・モリオ・ロンギカルヌ

● アナカンプティス・モリオ・ロンギカルヌ
学名：*Ant. morio* subsp. *longicornu*
異名：*Orchis morio* subsp. *longicornu*

地生植物。ヨーロッパ、地中海沿岸〜イランの標高2,000mまでに分布。草丈10〜35cm。塊茎は卵形。茎頂に密に多花つける。花径は1〜1.5cm。距は長さ約1.5cm。花期は2〜4月。種形容語 *morio* は、ラテン語で「道化帽子」の意で、花形に因む。亜種形容語の *longicornu* は、ラテン語で「長い角を持つ」の意で、母種より距が長いことに因む。

045

ミズトンボ属 *Habenaria* [略号：Hab.]

ミズトンボ属は熱帯〜温帯に約800種以上が分布。地下に球形に近い塊根をもつ。属名 *Habenaria* は、ラテン語で「革ひも、手綱」を意味する hebena に由来し、細裂する唇弁に因むとされるが、諸説ある。タイプ種は *Hab. macroceratitis*。

● ハベナリア・ロドケイラ
学名：*Hab. rhodocheila*
地生植物。中国南部〜マレー半島、フィリピンなどの標高200〜1,300mに分布。草丈15〜35cm。茎頂に数〜20花つける。花は紅色、ピンク色、黄色で、径3〜3.5cm。唇弁は4裂し、長さ2〜3cm。距は長さ5cmほど。花期は夏。種形容語 *rhodocheila* は、古代ギリシア語で「赤い唇」の意で、唇弁の色に因む。本属中、最も色鮮やかな種とされる。

川の中の岩上に自生するハベナリア・ロドケイラ（上・右とも、タイ北部のルーイ県にて）

ハベナリア・メドゥーサ

● ハベナリア・メドゥーサ
学名：*Hab. medusa*
地生植物。スマトラ島〜スラウェシ島の標高400〜800mに分布。草丈約40cm。茎頂に7〜10花つける。花は白色で、径8〜10cm。唇弁は3裂し、側生する裂片が細かく全裂して糸状となる。唇弁は基部のみ濃い赤色で、よく目立つ。花期は夏。種形容語 *medusa* は、ギリシア神話に登場する髪の毛が蛇になったメドゥーサ（Medusa）に因む。

ダイサギソウ

● **ダイサギソウ**
学名：*Hab. dentata*
地生植物。ヒマラヤ〜日本、マレー半島の標高600〜1,800mの日当たりのよい草地に分布。草丈30〜60cm。茎頂に多花をつける。花は白色で、径約2cm。唇弁は長さ約1.5cmで、側裂片の縁は鋸歯状。花期は秋。種形容語 *dentata* は、ラテン語で「歯状の」の意で、唇弁の形態に因む。

● **ミズトンボ**
学名：*Hab. sagittifera*
地生植物。日本、中国の日当たりのよい山野の湿地に分布。草丈40〜80cm。茎上部に10花ほどをつける。花は緑白色で、径約1.5cm。緑色の唇弁は特徴ある十字形の鎌槍状で、長さ約2cm。距は長さ約1.5cmで、先は丸く膨らむ。花期は夏。種形容語 *sagittifera* は、ラテン語で「矢状の」の意で、唇弁の形状に因む。

ミズトンボ

ウチョウラン属　　　*Hemipilia*［略号：*Hemi.*］

ウチョウラン属はポーランド〜温帯アジア、東南アジアに約60種が分布。地下に塊茎を持つ。属名 *Hemipilia* は古代ギリシア語で「半」と「フェルト」の2語からなり、唇弁の毛がフェルト状であることに因む。タイプ種は *Hemi. cordifolia*。

● **ウチョウラン**
学名：*Hemi. graminifolia*
異名：*Ponerorchis graminifolia*
岩生植物で、腐植の堆積した岩の割れ目に生える。日本、朝鮮半島の低山に分布。草丈10〜30cm。茎頂に2〜15花つける。花は紅紫色で、径約1.3cm。唇弁は深く3裂し、長さ約1.3cm。距は長さ1〜1.5cmで、湾曲する。花期は夏。種形容語 *graminifolia* は、ラテン語で「イネ科状の葉の」の意で、葉の形状に因む。昭和40年代に起きた「ウチョウランブーム」により、自生地の個体数が激減した。

047

オフリス属

Ophrys［略号：*Oph.*］

オフリス属はヨーロッパ、北アフリカ、カフカス、カナリア諸島、中東に約30種が分布。属名 *Ophrys* は古代ギリシア語で「眉、眉毛」の意で、唇弁の縁の毛に因む。花がハチに擬態していることから英名は bee orchids。タイプ種は *Oph. insectifera*。

》**オーキッド・トリビア**》 オフリス属の花は昆虫の形に似ており、雌バチが放つ性フェロモンに似たにおいを放つことで、種ごとに特定の雄バチが擬似交接して、この時に花粉を媒介することで、受粉することが知られている。進化論でよく知られるチャールズ・ダーウィン（Charles Robert Darwin, 1809〜82）は、ラン科植物の受精についても研究している。著名な著作『種の起源：原題 On the Origin of Species』(1859) に続いて出版したのが『蘭の受精：原題 Fertilisation of Orchids』(1862) であった。本属中、オフリス・アピフェラはイギリスで一般的な種である。ダーウィンはオフリス・アピフェラも研究対象にし、自家受粉を行っていることを『蘭の受精』で報告している。花粉塊の柄が他種に比べ非常に長く、細く、曲がりやすくて、自家受粉しやすい構造になっていると記述している。自生地ではハナバチがオフリス・アピフェラに訪れて花粉を媒介するだけでなく、風による揺れにより自家受粉している。

オットー・ヴィルヘルム・トーメ『学校や家庭のためのドイツ、オーストリア、スイスの植物』第1巻 (1885) より
図左／オフリス・アピフェラ　図右／オフリス・ホロセリケア

● **オフリス・アピフェラ**（図左）
学名：*Oph. apifera*
英名：bee orchid

地生植物。ヨーロッパ〜地中海沿岸、イラン北部の標高0〜1,800mの湿地の草地に分布。花茎は長さ3〜12cm、2〜11花つける。花色は変異に富む。花径2〜3cm。唇弁は長さ1〜1.5cm。花期は4〜7月。種形容語 *apifera* は、ラテン語で「ハチを運ぶ」の意で、ハチを誘う花に因む。

● **オフリス・ホロセリケア**（図右）
学名：*Oph. holosericea* subsp. *holosericea*
異名：*Oph. fuciflora*

地生植物。ヨーロッパ東部・中部〜地中海沿岸の標高0〜1,500mに分布。花茎は長さ25〜45cm、3〜8花つける。花径は2〜2.5cm。唇弁は長さ1.5cmほど。花期は3〜6月。種形容語 *holosericea* は、古代ギリシア語で「絹糸状の毛の」の意で、唇弁の特徴に因む。

オフリス・アラクニティフォルミス

● オフリス・アラクニティフォルミス
学名：*Oph.* × *arachnitiformis*
地生植物。地中海沿岸の標高1,000mまでに分布。オフリス・ホロセリケアとオフリス・スフェゴデス（*Oph. sphegodes*）との自然交雑種。花茎は長さ15～40cm、3～10花つける。花径は2～3cm。花期は3～5月。唇弁は赤紫色、紫褐色など。種形容語 *arachnitiformis* は、古代ギリシア語で「クモに似た」の意で、花形に因む。

オフリス・ボンビリフロラ

● オフリス・ボンビリフロラ
学名：*Oph. bombyliflora*
地生植物。カナリア諸島、地中海沿岸の標高0～900mに分布。花茎は長さ7～25cm、1～5花をつける。花径は約2cm。唇弁は濃紫褐色。花期は3～4月。種形容語 *bombyliflora* は、ラテン語で「絹の有する」の意で、唇弁の特徴に因む。

オフリス・ルテア

● オフリス・ルテア
学名：*Oph. lutea*
地生植物。地中海沿岸西部、中部～トルコ南西部の標高1,800mまでに分布。草丈10～30cm。花茎に2～7花をつける。花径は1.5～2cm。花は黄緑色。唇弁の中央部は盛り上がる。花期は3～4月。種形容語 *lutea* は、ラテン語で「黄色」の意で、花色に因む。

オフリス・スペクルム

● オフリス・スペクルム
学名：*Oph. speculum*
地生植物。地中海沿岸の標高0～1,200mに分布。花茎は長さ10～30cm、2～8花をつける。花径は約2.5cm。唇弁は長さ約1.5cmで、縁全体に小豆色の毛が密生し、中央部には深青色の金属光沢がある。花期は4～6月。種形容語 *speculum* は、ラテン語で「研磨した金属で作られた鏡」の意で、唇弁の金属光沢に因む。

サギソウ属

Pecteilis［略号：*Pec.*］

サギソウ属は東南アジア北部〜日本に9種が分布。地下に小さな塊根をもつ。属名 *Pecteilis* は、古代ギリシア語で「櫛」の意で、櫛状に切れ込みが入る唇弁に因む。タイプ種は *Pec. susannae*。

● **サギソウ**
学名：*Pec. radiata*　異名：*Habenaria radiata*

地生植物。日本、朝鮮半島、極東ロシア、中国東部の標高1,500m以下の湿地に分布。草丈15〜40cm。茎頂に1〜4花つける。花は白色で、径約3cm。唇弁は大きく3深裂し、側裂片の縁は複雑に細裂する。距は長さ3〜4cmと長く、先端はしだいに太くなって花蜜を貯める。花期は7〜8月。和名は花形を飛翔するシラサギに見立てたことによる。種形容語 *radiata* は、ラテン語で「放射状の」に意で、唇弁の切れ込みに因む。

‖**オーキッド・トリビア**‖ サギソウの花粉媒介者として、夜間に活動するスズメガの仲間が訪れることが知られていた。これまでスズメガはホバリングしながら距の底に貯まる花蜜を吸っていると考えられていたが、近年になってスズメガは唇弁の切れ込みに中脚をかけて掴まり、支えとしていることが報告された（Suetsuguら, 2022）。

サギソウ（東京都世田谷区の浄真寺内の鷺草園にて）

‖**オーキッド・トリビア**‖ 東京都世田谷区はサギソウを「区の花」に制定している（1968）。かつてこの地にはサギソウの自生地が広がっていた。世田谷区の浄真寺にはサギソウにまつわる伝説が伝わる。同寺の創建以前、この地には奥沢城が建っていた。城主の大平出羽守には美しい娘である常盤姫（ときわひめ）がいた。彼女は成長すると、世田谷城主吉良頼康の側室となり、寵愛された。しかし、他の側室たちの嫉妬から噂を立てられ、頼康は常盤姫を遠ざけた。常盤姫は潔白を証明するため、白鷺の足に文を結びつけ、それを父母のいる奥沢城へ送ったが、狩りをしていた頼康に射たれてしまう。頼康は文を読み、常盤姫の無実を悟るが、時すでに遅く、常盤姫は自害した後であった。その後、白鷺を供養したところ、白鷺に似た花を咲かせるサギソウが生えたという。

ツレサギソウ属

Platanthera [略号：*P.*]

ツレサギソウ属は北半球の温帯を中心に、一部がアフリカや東南アジアに約150種が分布。属名 *Platanthera* は古代ギリシア語で「広い」と「葯」の2語からなり、葯隔が広いことに因む。タイプ種は *P. bifolia*。

● ミズチドリ
学名：*P. hologlottis*
地生植物。北半球の亜寒帯〜暖温帯の標高300〜3,200mの湿地に分布。草丈50〜90cm。花上部に多花をつける。花は白色で、径約1cm。唇弁は舌状で、長さ0.6〜0.8cm。距は長さ約1cmで下垂する。花に芳香があることから、別名はジャコウチドリ。花期は6〜7月。種形容語 *hologlottis* は、古代ギリシア語で「完全な舌状の」の意で、唇弁の形に因む。

ステノグロッティス属の野生種

Stenoglottis [略号：*Sngl.*]

ステノグロッティス属はアフリカ南部・東部に4種が分布。属名 *Stenoglottis* は、古代ギリシア語で「細い」と「舌」の2語からなり、唇弁が細く裂けることに因む。タイプ種は *Sngl. fimbriata*。

● ステノグロッティス・ロンギフォリア
学名：*Sngl. longifolia*
岩生植物。南アフリカの標高300〜1,300mに分布。草丈30〜50cm。茎頂に多花をつける。花は淡紫紅色で、紫紅色の斑点が入り、長さ約1cm。花期は3〜5月。種形容語 *longifolia* はラテン語で「長い葉」の意で、葉が長さ7〜20cmと長いことに因む。

ステノグロッティス属の人工交雑種

Stenoglottis [略号：*Sngl.*]

● ステノグロッティス・ビーナス
学名：*Sngl.* Venus
交雑親：*Sngl. fimbriata* × *Sngl. longifolia*
登録：1995年　登録者：Duckitt
草丈15〜30cm。ムレチドリの名で流通している。ときに葉に紫黒色の斑点が入る。山野草の雰囲気があり、人気がある。花期は9〜10月。

❖セッコク亜科・エビネ連・サワラン亜連　❖セッコク亜科・エビネ連・セロジネ亜連

ナリヤラン属

Arundina［略号：*Ar.*］

ナリヤラン属は1属1種の単型属で、フィリピンを除く熱帯・亜熱帯アジアに分布。属名 *Arundina* はラテン語で「アシ(葦)」の意で、葉が似ていることに因む。

（マレーシアにて）

● ナリヤラン

学名：*Ar. graminifolia*

地生植物。フィリピンを除く熱帯・亜熱帯アジアの標高0〜1,200mに分布。日本の八重山諸島にも自生。草丈1〜2m。葉は線状披針形で、長さ15〜30cm。花茎は直立し、長さ15〜30cm、時に分枝し、1〜2花、まれに10花が頂生する。花は紫赤色〜白色で、径5〜6cm。花期は周年。種形容語 *graminifolia* は、ラテン語で「イネ科植物様の葉の」の意で、葉の形態に因む。和名ナリヤランは、西表島内湾の内離島にあった成屋集落（現在は廃村）に因む。

シラン属

Bletilla［略号：*Ble.*］

シラン属は東アジア、台湾、日本に4〜5種が分布。属名 *Bletilla* はブレチア属(*Bletia*)の短小形で、ブレチア属に似ることに因む。タイプ種は *Ble. striata*。

右下は白花栽培品種

● シラン

学名：*Ble. striata*

地生植物。中国、日本、韓国、ミャンマーの標高100〜3,200mに分布。草丈18〜70cm。地下部に扁平な径2〜5cmの偽鱗茎を持つ。葉にはひだがあり、長楕円状披針形で、長さ20〜60cm。花茎は時に分枝し、まばらに3〜10花を頂生する。花は紅紫色で、径3〜5cm。唇弁は3裂し、中裂片にはひだが5条ある。花期は4〜5月。白花や葉に斑が入る栽培品種が知られる。種形容語 *striata* は、ラテン語で「縞、筋のある」の意で、ひだのある葉に因む。漢方では偽鱗茎を百及(ビャッキュウ)と呼び、吐血薬などの止血薬とする。

052

❖セッコク亜科・エビネ連・セロジネ亜連

セロジネ属の野生種

Coelogyne［略号：*Coel.*］

セロジネ属（キンヨウラク属）は中国～熱帯アジア、太平洋諸島などに約560種以上が分布。属名 *Coelogyne* は、古代ギリシア語で「中空」と「女性」の2語からなり、柱頭のくぼみに因む。タイプ種は *Coel. cristata*。近年、デンドロキルム属（*Dendrochilum*、56頁）、フォリドタ属（*Pholidota*、57頁）など14属が本属と統合する説が提唱され（Chaseら、2021）、本書ではこの説に準拠したが、それぞれ区別して記載した。

● セロジネ・ブラキプテラ
学名：*Coel. brachyptera*　異名：*Coel. virescens*

着生植物。ミャンマー、タイ、カンボジア、ベトナムの標高200～1,500mに分布。偽鱗茎は狭紡錘形で長さ8～15㎝、1葉をつける。花茎は直立または弓状で、5～7花をつける。花は黄緑色で、径約5㎝。唇弁には黒色斑点が入る。花期は春。種形容語 *brachyptera* は、古代ギリシア語で「短い翼の」の意で、唇弁の側裂片が翼状であることに因む。

セロジネ・ブラキプテラ（タイ北部のルーイ県にて）

セロジネ・クリスタタ'スワダ'

● セロジネ・クリスタタ
学名：*Coel. cristata*

着生植物。ヒマラヤ～バングラディシュの標高1,500～2,600mに分布。偽鱗茎は長楕円状卵形で、長さ2.5～7㎝、2葉をつける。花茎は下垂し、長さ15～30㎝、2～10花つける。花は白色で、径6～8㎝。唇弁には黄色の鶏冠状突起がある。花期は冬～春。種形容語 *cristata* は、ラテン語で「鶏冠状の」の意で、唇弁の突起に因む。写真は優良個体の'スワダ'（'Suwada'）。

セロジネ・フラッキダ（タイ北部のルーイ県にて）

セロジネ・ムーレアナ

セロジネ・パンドゥラタ

セロジネ・スペキオサ

● セロジネ・フラッキダ
学名：*Coel. flaccida*

着生植物。ネパール〜中国南西部（雲南〜広西チワン族自治区北西部）の標高900〜2,000mに分布。偽鱗茎は長楕円形〜円筒形、長さ5〜8cm、2葉をつける。花茎は下垂し、8〜10花をまばらにつける。花は乳白色で芳香があり、径約4cm。花期は春。種形容語 *flaccida* は、ラテン語で「ゆるい」の意で、花がまばらにつくことに因む。

● セロジネ・ムーレアナ
学名：*Coel. mooreana*

着生植物。ベトナムの標高1,300〜2,000mに分布。偽鱗茎は卵形で、長さ4〜7cm、2葉をつける。花茎直立し、長さ25〜40cm、3〜8花つける。白色花は芳香があり、径約7.5cm。唇弁中央に黄色斑が入る。花期は春〜初夏。種形容語 *mooreana* は、アイルランド王立園芸協会会長ムーア卿（F. W. Moore）への献名。

● セロジネ・パンドゥラタ
学名：*Coel. pandurata*

着生植物。マレーシア、スマトラ、ボルネオ、フィリピンの標高0〜1,200mに分布。偽鱗茎は長さ7〜15cm、2葉をつける。花茎は弓状〜下垂、長さ25〜60cm、5〜15花をつける。花は淡緑色で、香りがあり、径8〜10cm。唇弁中央に黒褐色の斑紋が入る。種形容語 *pandurata* は、ラテン語で「楽器リュート形の」の意で、唇弁の形に因む。

● セロジネ・スペキオサ
学名：*Coel. speciosa*

着生植物。マレーシア、ボルネオ、スマトラ、ジャワの標高700〜2,000mに分布。偽鱗茎は卵形で、1〜2葉をつける。花茎は長さ約10cm、1〜3花をつける。花は緑黄色。唇弁は黒褐色の斑紋が入る。種形容語 *speciosa* はラテン語で「美しい」の意で、花に因む。

セロジネ・トメントサ

● セロジネ・トメントサ
学名：*Coel. tomentosa*
異名：*Coel. massangeana*

着生植物。マレー半島、スマトラ、ジャワの標高1,150～2,100mに分布。偽鱗茎は卵状長楕円形で、長さ5～10cm、2葉をつける。花茎は下垂し、長さ40～60cm、密に20～30花をつける。花は淡黄褐色で芳香があり、径5～6cm。唇弁は黄色地に濃褐色の斑紋が入る。子房には黒褐色の毛が生える。花期は主に夏。種形容語 *tomentosa* は、ラテン語で「密に細綿毛のある」の意で、子房の毛に因む。

セロジネ・ウシタナ

● セロジネ・ウシタナ
学名：*Coel. usitana*

着生または岩生植物。フィリピン・ミンダナオ島の標高800m付近に分布。偽鱗茎は4稜を持つ狭卵形で、1葉をつける。花茎に1～数花つける。花は径6～7cmで、下向きに咲く。萼片と側花弁は白色で、唇弁は暗褐色で目立つ。花期は主に春～夏。1999年に発見され、2001年に新種として発表された。種形容語 *usitana* は、本種を初めて採取したラン収集家のウシタ（Vimoor Usita）への献名。

セロジネ属の人工交雑種 *Coelogyne* [略号：*Coel.*]

● セロジネ・インテルメディア
学名：*Coel.* Intermedia
交雑親：*Coel. cristata*
　　　× *Coel. tomentosa*
登録：1913年　登録者：Cypher

花茎は弓状に下垂し、8～10花をつける。花は白色で、径4～5cm。唇弁中央は黄色。花期は春。強健で、よく栽培される。

055

セロジネ属 旧デンドロキルム属（*Dendrochilum*） *Coelogyne*［略号：*Coel.*］

セロジネ・コッピアナ

●セロジネ・コッピアナ
学名：*Coel. cobbiana*
異名：*Dendrochilum cobbianum*
着生植物。フィリピン諸島の標高1,400～2,400mに分布。偽鱗茎は狭円錐形で、長さ6～8cm、1葉をつける。花茎は下垂し、長さ40～60cm、密に多花をつける。花は乳白色で、芳香があり、径1.2～1.6cm。唇弁は黄色。花期は秋～冬。種形容語 *cobbiana* は、イギリスのラン愛好家コッブ（W. Cobb）への献名。

セロジネ・グルマケア

●セロジネ・グルマケア
学名：*Coel. glumacea*
異名：*Dendrochilum glumaceum*
着生植物。フィリピン諸島の標高500～2,300mに分布。偽鱗茎は卵形で、長さ1.5～5cmで、1葉をつける。花茎は弓状に下垂し、長さ20～45cm、多花を密に2列につける。花は白色で芳香があり、径1～1.5cm。唇弁は淡橙色。花期は冬～春。種形容語 *glumacea* は、ラテン語で「穎のある」の意で、苞が目立つことに因む。

セロジネ・ヴェンツェリ

●セロジネ・ヴェンツェリ
学名：*Coel. wenzelii*
異名：*Dendrochilum wenzelii*
着生植物。フィリピン諸島の標高300～1,000mに分布。偽鱗茎は円筒形で、長さ2.5cmで、1葉をつける。花茎の先は弓状に曲がり、長さ20～25cm、2列に多花をつける。花は赤紫色または緑黄色。花期は冬。種形容語 *wenzelii* は、フィリピンのラン収集家ヴェンツェル（Wenzel）への献名。

セロジネ属 旧フォリドタ属（*Pholidota*） *Coelogyne*［略号：*Coel.*］

●セロジネ・インブリカタ　学名：*Coel. imbricata*　異名：*Pholidota imbricata*

着生植物。熱帯・亜熱帯アジア〜南西太平洋諸島の標高0〜1,700mに分布。偽鱗茎は卵状円筒形で、長さ5〜7.5cm、1葉をつける。花茎は下垂し、長さ20〜50cm、密に多花をつける。花は桃白色で、径0.6〜0.7cm。花期は夏。種形容語 *imbricata* は、ラテン語で「重なり合った」の意で、2列に並ぶ苞に因む。花序をガラガラヘビ（rattlesnake）に見立てて、英名は common rattlesnake orchid。日本でもガラガラヘビランと呼ばれることがある。

セロジネ・インブリカタ　左／ジョン・リンドリー（編）『エドワーズのボタニカル・レジスター』第21巻（1835）より

セロジネ・チネンシス

●セロジネ・チネンシス
学名：*Coel. chinensis*
異名：*Pholidota chinensis*

着生植物。中国南部〜東南アジアの標高300〜2,500mに分布。偽鱗茎は卵形で、長さ3〜6cm、2葉をつける。花茎は下垂し、長さ10〜15cm、2列に10〜20花をつける。花は半透明な白色で、長さ約1.5cm。花期は春。種形容語 *chinensis* は、ラテン語で「中国の」の意で、自生地に因む。

057

タイリントキソウ属の野生種　　Pleione [略号: Pln.]

タイリントキソウ属はヒマラヤ〜中国南部、東南アジアに24種と自然交雑種8種が分布。属名 Pleione は、ギリシア神のプレイアデス (Pleiades) の母であるプレイオネ (Pleione) に因む。タイプ種は Pln. humilis と Pln. praecox。株に比して花が大きい。

プレイオネ・プラエコクス
ジョン・リンドリー（編）『エドワーズのボタニカル・レジスター』
第26巻（1840）より

●プレイオネ・プラエコクス
学名: *Pln. praecox*

地生植物。ヒマラヤ中西部〜中国（雲南省南部）の標高1,200〜3,400mに分布。偽鱗茎はこま形で、上部がくびれて嘴状になり、長さ1.5〜3cm、開花後に2葉をつける。花茎は直立し、長さ8〜13cmで、1花をつける。花は紅紫色で、有香、径6〜10cm。花期は9〜10月。種形容語 *praecox* は、ラテン語で「早咲きの」の意で、花期が他種より早いことに因む。

●プレイオネ・アウリタ
学名: *Pln. aurita*

地生植物。中国・雲南省西部の標高1,400〜2,800mに分布。偽鱗茎は円錐形で、長さ2〜4cm、開花後に1葉をつける。花茎に1花をつける。花は淡桃色〜紫紅色。唇弁中央に黄橙色の縞模様が入る。花期は4〜5月。種形容語 *aurita* は、ラテン語で「耳状の」の意で、側花弁の形状に因む。

プレイオネ・アウリタ

●タイリントキソウ
学名: *Pln. formosana*

地生植物。中国南部、台湾の標高1,500〜2,500mに分布。偽鱗茎は卵形で、長さ1.5〜4cm、開花後に1葉をつける。花茎は直立し、長さ約10cm、1まれに2花つける。花は紅〜白色で、径8〜10cm。唇弁に赤褐色の斑点が入る。花期は3〜4月。種形容語 *formosana* は、ラテン語で「台湾の」の意で、自生地に因む。他種に比べて耐暑性があり、よく栽培される。

タイリントキソウ

プレイオネ・フォレスティイ

●プレイオネ・フォレスティイ
学名：*Pln. forrestii*
地生植物。中国・雲南省〜東南アジア北部の標高2,200〜3,100mに分布。偽鱗茎は卵形で、長さ1.5〜3cm、開花後に1葉をつける。花茎は長さ5〜10cm、1花をつける。花は黄色、径5〜6cm。唇弁に褐色斑紋が入る。花期は3〜5月。種形容語 *forrestii* は、採集者ジョージ・フォレスト(G. Forrest)への献名。

プレイオネ・マクラタ

●プレイオネ・マクラタ
学名：*Pln. maculata*
地生植物。中央ヒマラヤ〜中国・雲南省西部の標高600〜2,000mに分布。偽鱗茎はコマ形、長さ1〜3cm、開花後に2葉つける。花茎は短く、1花をつける。花は乳白色で、径4〜6cm。唇弁には紫紅色の斑点が入る。花期は10〜11月。種形容語 *maculata* は、ラテン語で「斑点」の意で、唇弁の斑点に因む。

プレイオネ・ユンナネンシス

●プレイオネ・ユンナネンシス
学名：*Pln. yunnanensis*
地生植物。中国南部〜ミャンマー北部の標高1,100〜3,500mに分布。偽鱗茎は卵形〜円錐形で、長さ1〜3cm、1葉をつける。花茎に1花をつける。花は淡紫色〜ピンク色で、径5.5〜6.5cm。唇弁に紫紅色の斑点が入る。種形容語 *yunnanensis* は、ラテン語で「雲南省の」の意で、自生地に因む。

タイリントキソウ属の人工交雑種　　*Pleione*［略号：*Pln.*］

プレイオネ・ストロンボリ

●プレイオネ・ストロンボリ
学名：*Pln. Stromboli*
交雑親：*Pln. pleionoides*
　　　　× *Pln. bulbocodioides*
登録：1979年　登録者：I. Butterfield
花は濃紅色、径約8cmで、しばしば芳香がある。唇弁に濃紅色の斑紋が入る。

059

ツニア属

Thunia [略号：*Thu.*]

ツニア属はインド亜大陸〜中国中南部、マレー半島に4〜6種が分布。属名 *Thunia* は、ボヘミアのラン収集家トゥーン-ホーエンシュタイン（Thun-Hohenstein）への献名。春に新茎が伸び、夏に開花し、秋に落葉し、翌春、新しい茎が伸びる頃に古い茎は枯れる。タイプ種は *Thu. alba*。

● ツニア・アルバ　学名：*Thu. alba*

地生植物。ヒマラヤ〜中国中南部、マレー半島の標高1,000〜2,300mに分布。茎は直立し、長さ40〜80cm。花茎は湾曲し、長さ25〜30cmで、4〜6花を下向きにつける。花は白色で、径6〜7cm。唇弁には黄橙色の鶏冠状突起がある。花期は6月頃。種形容語 *alba* は、ラテン語で「白い」の意で、花色に因む。

ツニア・アルバ

ツニア・ブリメリアナ

● ツニア・ブリメリアナ
学名：*Thu. brymeriana*

ミャンマー北部の標高900〜2,500mに分布。茎は直立し、長さ60〜80cm。花茎は湾曲し、3〜6花をつける。花は白色で、芳香があり、径12〜15cm。唇弁は桃紫色に赤色の脈が入り、黄色の肉質突起がある。花期は6月頃。種形容語 *brymeriana* は、イギリスのラン愛好家ブリマー（W. E. Brymer）への献名。

❖セッコク亜科・コラビラン連

アンキストロキルス属
Ancistrochilus [略号:Anc.]

アンキストロキルス属は、熱帯アフリカ西部〜ウガンダに2種が分布。属名 *Ancistrochilus* は、古代ギリシア語で「ホック」と「唇」を意味する2語からなり、唇弁を釣針に見てたことに因む。タイプ種は *Anc. rothschildianus*。

● アンキストロキルス・ロスチャイルディアヌス
学名：*Anc. rothschildianus*
着生植物。熱帯アフリカ西部〜ウガンダの標高500〜1,100mに分布。花茎は長さ20cmほどで、2〜5花をつける。花は薄桃紫色で、径7〜8cm。花期は夏〜初冬。種形容語 *rothschildianus* は、本種を最初に開花させたウォルター・ロスチャイルド男爵(W. Rothschild)への献名。

カクチョウラン属
Phaius

カクチョウラン属は熱帯アフリカ〜太平洋諸島に40種以上が分布。属名 *Phaius* は、古代ギリシア語で「暗色の」の意で、タイプ種 *Phaius tankervilleae* の花色に因む。

ガンゼキラン

● ガンゼキラン
学名：*Phaius flavus*
地生植物。熱帯・亜熱帯アジアの標高200〜3,400mに分布。偽鱗茎は卵形または陵のある円錐形で、長さ4〜8cm、4〜6葉つける。花茎長さ40〜60cm、8〜25花をつける。花は黄色で、芳香があり、径5〜6cm。唇弁は赤褐色。花期は4〜10月。種形容語 *flavus* は、ラテン語で「黄色」の意で、花色に因む。

カクチョウラン

● カクチョウラン
学名：*Phaius tankervilleae*
地生植物。熱帯・亜熱帯アジア〜太平洋諸島の低地〜1300mに分布。偽鱗茎は円錐状卵形で、長さ3〜6cm、2〜3葉をつける。花茎は長さ60〜150cm、に数〜20花をつける。花は表面が白、内側は褐色で、やや下向きに咲き、径7〜10cm。花期は3〜6月。種形容語 *tankervilleae* は、イギリスのタンカーヴィル伯爵(Tankerville)の妻で本種を初めて咲かせたラン愛好家エマ(Emma)への献名。

エビネ属の野生種　　　*Calanthe* [略号：Cal.]

エビネ属は熱帯・亜熱帯アジア、アフリカ、オーストラリア〜メキシコ、コロンビア、カリブ海諸島に200種以上が分布。落葉種と常緑種に大別される。属名 *Calanthe* は、古代ギリシア語で「美しい」と「花」を意味する2語からなり、花の美しさに因む。タイプ種は *Cal. triplicata*。

◉エビネ　　別名：ジエビネ、ヤブエビネ　　学名：*Cal. discolor*

地生植物。常緑種。中国南部、朝鮮半島南部、日本の標高170〜1,500mに分布。偽鱗茎は球状で、長さ1〜2cm、2〜4葉をつける。花茎は直立し、長さ20〜40cm、8〜20花をつける。萼片と側花弁は赤褐色、緑色、黄緑色で、唇弁は白色〜帯紫紅色。花径は2〜3cm。距は長さ0.5〜1cm。花期は4〜6月。和名エビネ（蝦根）は地下の球形がエビの背に似ることに因む。種形容語 *discolor* は、ラテン語で「異なった色の」の意で、花色が多様であることに因む。

エビネ

ニオイエビネ'紫光冠'

◉ニオイエビネ
別名：オオキリシマエビネ
学名：*Cal. izu-insularis*

地生植物。常緑種。伊豆諸島の新島、神津島、御蔵島、八丈島の標高0〜500mに分布。偽鱗茎はほぼ球状で、長さ1〜3cm、2〜3葉をつける。花茎は直立し、長さ30〜70cm、15〜40花をつける。強い芳香を放つ。萼片と側花弁は帯白色〜淡紫桃色で、唇弁は白色。距は長さ1.5〜4cm。花期は春。種形容語 *izu-insularis* は、「伊豆諸島」の意で、自生地に因む。

トクサラン(タイ北部のルーイ県にて)

ナツエビネ

カランテ・ルベンス

キエビネ

●トクサラン
学名：*Cal. obcordata*
異名：*Cephalantheropsis obcordata*

地生植物。落葉種。アッサム～日本(琉球列島)、東南アジアなどの標高1,400m付近に分布。茎上部に葉を数個つける。花茎は長さ35～100m、に多花をつける。花は淡黄色、径約2cmで、やや香る。花期は11～12月。距はない。種形容語 *obcordata* は、ラテン語で「倒心臓形の」の意。

●ナツエビネ
学名：*Cal. puberula*　異名：*Cal. reflexa*

地生植物。常緑種。ヒマラヤ～温帯東アジアの標高1,200～3,000mに分布。偽鱗茎は卵形で、長さ1.5～3cm、3～5葉をつける。花茎は長さ20～40cm、10～20花をまばらにつける。花は淡紫色で、径1.5～3cm。距はない。花期は7～8月。種形容語 *puberula* は、ラテン語で「やや細軟毛のある」の意で、花茎上部と子房の短毛に因む。

●カランテ・ルベンス
学名：*Cal. rubens*

地生植物。落葉種。タイ、マレー半島、ベトナムの標高0～1,800mに分布。偽鱗茎は卵形～円錐形、長さ6～15cm、3～4葉をつける。花茎は長さ約40cm、多花をつける。花は桃色で、径約3cm。花期は11～3月。種形容語 *rubens* は、ラテン語で「赤みのある」の意で、花色に因む。

●キエビネ
学名：*Cal. striata*
異名：*Cal. citrina, Cal. sieboldii*

地生植物。常緑種。中国(湖南)、韓国、日本、台湾南西部の低地に分布。偽鱗茎は卵形、長さ1～2cm。2～3葉をつける。花茎は長さ30～80cm、5～25花をつける。花は鮮黄色で、径4～6cm、甘い芳香を放つ。距は長さ0.6～0.8cm。花期は4～5月。種形容語 *striata* は、ラテン語で「縞のある」の意で、唇弁の隆起線に因む。

オナガエビネ

● オナガエビネ
学名：*Cal. sylvatica*
異名：*Cal. masuca*
地生植物。常緑種。熱帯および南アフリカ、熱帯・亜熱帯アジアの標高900～2,500mに分布。偽鱗茎は長さ2～5cm、3～5葉をつける。花茎は長さ50～70cm、少～多花をつける。花色は白色～桃紫色で、唇弁は濃色。花径は3～5cm。花期は夏。種形容語 *sylvatica* は、ラテン語で「森林生の」の意で、自生地に因む。

サルメンエビネ

● サルメンエビネ
学名：*Cal. tricarinata*
地生植物。常緑種。パキスタン北部～温帯東アジアの標高300～3,500mに分布。偽鱗茎は径約2cm。花茎は長さ30～60cm、7～15花をまばらにつける。萼片と側花弁は黄緑色で、唇弁は赤褐色。花径は4～5cm。距はない。花期は4～6月。種形容語 *tricarinata* は、ラテン語で「3稜線のある」の意で、唇弁の隆起線に因む。

ツルラン

● ツルラン
学名：*Cal. triplicata*
地生植物。常緑種。熱帯・亜熱帯アジア～太平洋諸島の標高300～3,500mに分布。偽鱗茎は卵状円筒形で、長さ1～3cm、3～8葉をつける。花茎は長さ40～100cm、上部に多花を密につける。花は白色で、径2.5～3cm。距は長さ1.5～2cm。花期は夏。種形容語 *triplicata* は、ラテン語で「3扇たたみの」の意。

カランテ・ベスティタ

● カランテ・ベスティタ
学名：*Cal. vestita*
地生・着生植物。アッサム～ニューギニアの標高0～1,500mに分布。偽鱗茎は卵形、長さ7～10cm、3～4葉をつける。花茎は長さ約60cm、10～20花をつける。花は白色、ときに紅桃色、唇弁の基部は黄色～赤色。花径は3～5cm。距は長さ2cm。花期は12～2月。種形容語 *vestita* は、ラテン語で「被苞の」の意で、宿存する苞に因む。

エビネ属の人工交雑種

Calanthe [略号：*Cal.*]

カランテ・ドミニイ『カーティス・ボタニカル・マガジン』第84巻（1858）より

● カランテ・ドミニイ

学名：*Cal.* Dominyi
交雑親：*Cal. sylvatica* × *Cal. triplicata*
登録：1858年　登録者：Veitch

ラン科植物最初の人工交雑種として知られる。1852年、イギリスのヴィーチ商会の栽培主任ドミニー（J. Dominy）は外科医ハリス（J. Harris）の指導により、オナガエビネとツルラン（ともに64頁）との属間交雑を試みた。1854年に種子を得て播種を行い、2年後の1856年10月に初開花に成功した。1858年に登録され、初の人工交雑種となった。グレックス形容語 Dominyi は、作出者のドミニーへの献名。自然交雑種はユウヅルエビネと呼ばれる。

コウズ '島紫香'

● コウズ

学名：*Cal.* Kozu
交雑親：*Cal. discolor*
　　　　× *Cal. izu-insularis*
登録：1996年　登録者：K. Karasawa

常緑種のエビネとニオイエビネ（ともに62頁）の交雑種で、葉に光沢があり、芳香がある。写真は'島紫香'（'Shimashiko'）。

タカネ

● タカネ

学名：*Cal.* Takane
交雑親：*Cal. discolor* × *Cal. striata*
登録：2001年　登録者：O/U

常緑種のエビネ（62頁）とキエビネ（63頁）の交雑種で、分布域が接する地域では自然交雑種がみられる。花は茶褐色〜赤橙色など変異に富み、径4〜5cm。

065

コウトウシラン属

Spathoglottis [略号：Spa.]

コウトウシラン属は熱帯・亜熱帯アジア〜太平洋諸島に約50種が分布。属名*Spathoglottis*は、古代ギリシア語で「苞」と「舌」を意味する2語からなり、唇弁の中裂片に因む。タイプ種は*Spa. plicata*。

コウトウシラン

● コウトウシラン
学名：*Spa. plicata*
地生植物。熱帯・亜熱帯アジア〜太平洋諸島の標高0〜2,000mに分布。ハワイ、フロリダなど世界各地の熱帯地域で帰化している。偽鱗茎は長さ2〜6cm、3〜5葉をつける。花茎は長さ50〜90cm、9〜16花をつける。花は紅桃色〜深紅色で、径2.5〜3cm。ほぼ周年開花する。1花の寿命は短く、1〜数日でしぼみ、結実する。花が開かなくても受粉する閉花受粉性があることが報告されており、花媒介者がいなくても繁殖できる。種形容語*plicata*は、ラテン語で「扇たたみの」の意で、新葉が折りたたまれていることに因む。

スパトグロッティス・プベスケンス（タイ北部のルーイ県にて）

● スパトグロッティス・プベスケンス
学名：*Spa. pubescens*
地生植物。ヒマラヤ東部〜中国南部、インドシナの標高0〜2,000mに分布。偽鱗茎は径約2cm、2〜3葉をつける。花茎は長さ40〜70cm、2〜8花をつける。花は黄色味を帯び、径2.5〜3cm。花期は7〜11月。種形容語*pubescens*は、ラテン語で「細軟毛のある」の意で、葉の基部の毛に因む。

スパトグロッティス・ウングイクラタ

● スパトグロッティス・ウングイクラタ
学名：*Spa. unguiculata*
地生植物。ニューカレドニア、バヌアツなどの低地に分布。偽鱗茎は長さ約3cm、4〜5葉をつける。花茎は長さ30〜60cm、上部に多花をつけ、順次開花する。花は濃紫紅色で、芳香があり、径2〜2.5cm。花期は夏〜秋。種形容語*unguiculata*は、ラテン語で「爪のある」の意で、唇弁の中裂片の形に因む。

❖セッコク亜科・シュスラン連・カタセツム亜連

カタセツム属

Catasetum［略号：*Ctsm.*］

カタセツム属はメキシコ〜アルゼンチン、西インド諸島に160種以上が分布。落葉性。属名 *Catasetum* は、古代ギリシア語で「下の」と「剛毛」を意味する2語からなり、雄花のずい柱の基部にある2本の触覚状突起が下方に向いていることに因む。この突起に触れると花粉塊をはじき飛ばす性質がある。タイプ種は *Ctsm. macrocarpum*。

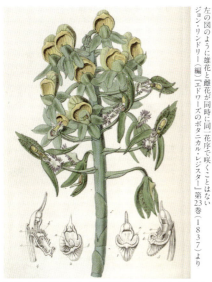

左の図のように雄花と雌花が同時に同一花序で咲くことはない
ジョン・リンドリー（編）『エドワーズのボタニカル・レジスター』第23巻（1837）より

‖オーキッド・トリビア‖ ラン科植物には珍しい単性花を咲かせる。小さな株では雄花をつける。株が十分大きくなると雌花をつけるが、めったに咲かない。しかし、まれに両性花を咲かせることがあり、分類を困難にしている。雄花の形態や色は多様で、上記のようにずい柱には粘着盤をもつ花粉塊をはじき飛ばす仕組みがある。雌花は雄花とは形態が異なり、ふつう倒立して開花し、唇弁はヘルメット状になっている。雌花はめったに咲かず、雄花と形態が大きく異なることから、かつては誤って別属として扱われていた時期もあった。右図は誤って雌花（上）と雄花（下）を同一花序についたように描き、*Ctsm. cristatum* を *Monachanthus monstrosum* の学名で発表している。

上／雄花　下／雌花

● カタセツム・マクロカルプム
学名：*Ctsm. macrocarpum*
英名：monk's head orchid

着生植物。カリブ諸島のトリニダード・トバゴ〜アルゼンチン北部の標高0〜1,300mに分布。偽鱗茎は円錐状紡錘形で、長さ10〜30cmと大きい。花茎は直立し、長さ15〜30cm、5〜10花をつける。花には芳香がある。雄花は倒立して咲き、平開せず、緑色〜黄緑色で、ふつう紫紅色の斑点が入る。雌花は倒立して咲き、緑色または緑色地に栗色の斑点が入り、唇弁はヘルメット状で長さ約3cm。花期は秋〜冬。種形容語 *macrocarpum* は、古代ギリシア語で「大きな果実の」の意。英名は花形より monk's head orchid（修道士の頭のラン）。

067

カタセツム・アトラツム（雄花）
「カーティス・ボタニカル・マガジン」第86巻（1860）より

● **カタセツム・アトラツム**
学名：*Ctsm. atratum*
英名：lustrous black catasetum

着生植物。ブラジル南部に分布。草丈40～50cm。偽鱗茎は紡錘形で、長さ約10cm、数枚の葉をつける。花茎は下垂または弓状、長さ20～40cm、十数花をつける。雄花は多肉質で、緑色地に褐色の斑点が入り、径約5cm。唇弁はヘルメット状で、黄緑色地に黒褐色の斑点が入る。雌花は多肉質で、雄花に比べてやや小さく、濁緑色。唇弁はヘルメット状で、長さ約2cm。花期は夏。種形容語 *atratum* は、ラテン語で「黒変した」の意で、花の斑点に因む。英名は「光沢のある黒」の意で、花色に因む。

カタセツム・エクスパンスム（雄花）

● **カタセツム・エクスパンスム**
学名：*Ctsm. expansum*

着生植物。エクアドル北東部の標高20～1,500mに分布。偽鱗茎は長さ15～20cm、6～10葉をつける。雄花の花茎は弓状、長さ20～30cm、6花ほどをつける。花色は変異に富み、径約8cm。雌花の花茎は短く、緑花を数個つける。花期は春～夏。種形容語 *expansum* は、ラテン語で「広がった」の意で、唇弁が大きく広がることに因む。

カタセツム・ピレアツム（雄花）

● **カタセツム・ピレアツム**
学名：*Ctsm. pileatum*

トリニダード島～エクアドルの標高100～200mに分布。偽鱗茎は長さ15～25cm、数葉をつける。雄花の花茎は下垂し、4～10花をつける。雄花は通常ろう白色で、径10～14cm。雌花は肉厚で、緑黄色、唇弁は僧帽子状。花期は秋。種形容語 *pileatum* は、ラテン語で「フェルト帽子の」の意で、唇弁の形に因む。ベネズエラの国花。

カタセツム・サッカツム

● カタセツム・サッカツム
学名：*Ctsm. saccatum*

着生植物。熱帯アメリカ南部の標高200～1,700mに分布。偽鱗茎は紡錘形、長さ約2.5cm、3～5葉をつける。花茎は弓状、長さ30～40cm、5～8花をつける。雄花は長さ10～12cm、芳香があり、オリーブ褐色地または濁緑色地に紫褐色の斑点が入る。唇弁は反転した皿状で、縁は細裂し、中央に大きなくぼみをつくる。雌花は黄緑色または赤褐色の斑点が入る。花期は春～秋。種形容語 *saccatum* は、ラテン語で「袋状の」の意で、花形に因む。

カタセツム・テネブロスム'ゼネ'

● カタセツム・テネブロスム
学名：*Ctsm. tenebrosum*

着生植物。エクアドル南東部～ペルー、ブラジルの標高500～1,800mに分布。偽鱗茎は長楕円状卵形、長さ約10cm、6～8葉をつける。花茎は長さ15～30cm、約10花をつける。雄花は径約5cm。萼片と側花弁は黒に近いチョコレート色。唇弁は黄緑色。花期は春。種形容語 *tenebrosum* は、ラテン語で「暗色の」の意で、花色に因む。写真は'ゼネ' ('Zene')

カタセツム・ビリディフラブム

● カタセツム・ビリディフラブム
学名：*Ctsm. viridiflavum*

着生植物。ホンジュラス、パナマ～コロンビア北東部、ペルーの標高700mまでに分布。偽鱗茎はやや扁平な紡錘形、長さ約15cm、6～12葉をつける。雄花の花茎は長さ30～60cm、6～12花をつける。花は芳香があり、倒立して唇弁が上になり、黄緑色で、径約6cm。唇弁は袋状で、長さ約3cm。雌花は肉厚で、緑色、唇弁は袋状、長さ約2cm。花期は春～夏。種形容語 *viridiflavum* は、ラテン語で「緑黄色の」の意で、花色に因む。

069

クラウシア属の野生種 *Clowesia* [略号: *Cl.*]

クラウシア属はメキシコ南部〜ブラジル、ベネズエラに7〜8種が分布。落葉性。属名 *Clowesia* は、本属植物を最初に開花させたイギリスのラン愛好家クラウス(R. J. Clowes)への献名。タイプ種は *Cl. rosea*。

クラウシア・ロセア

● **クラウシア・ロセア**　学名: *Cl. rosea*
英名: rose-colored basket orchid
着生植物。メキシコ南西部の標高500〜1,800mに分布。偽鱗茎は卵形、長さ4〜10cm、2〜7花をつける。花茎は下垂し、長さ約8cm、密に数〜10花つける。花は淡桃色でシナモンと柑橘系の強い芳香があり、径3〜3.5cm。唇弁の縁は細かく糸状に切れ込む。花期は冬〜春。種形容語 *rosea* は、ラテン語で「バラ色の、淡紅色の」の意で、花色に因む。根が落ち葉を受ける籠のようになり、英名の由来となっている。

クラウシア・ラッセリアナ

● **クラウシア・ラッセリアナ**
学名: *Cl. russelliana*
着生植物。メキシコ南部〜ニカラグア北部の標高600〜1,000mに分布。偽鱗茎は長さ約10cm、6〜8葉をつける。花茎は下垂し、長さ30〜40cm、密に多花をつける。花は芳香があり、淡緑色で、径5〜7cm。花期は夏〜秋。種形容語 *russelliana* は、イギリスのラン栽培家ラッセル公爵(Russell)への献名。

クラウシア属の人工交雑種 *Clowesia* [略号: *Cl.*]

'カノ'

● **クラウシア・ジャンボ・グレイス**
学名: *Cl.* Jumbo Grace
交雑親: *Cl.* Rebecca Northen × *Cl.* Grace Dunn
登録: 2000年　登録者: Jumbo Orchids
Cl. rosea(上記)と *Cl. warscewiczii* を数世代にわたって組み合わせた。花に芳醇な芳香がある。花期は冬。写真は'カノ'('Kano')。

キクノケス属

Cycnoches [略号：*Cyc.*]

キクノケス属はメキシコ〜中央・南アメリカに30種以上が分布。属名 *Cycnoches* は、古代ギリシア語で「白鳥」と「首」を意味する2語からなり、細く曲がったずい柱を白鳥の首に見立てたことに因む。単性花をつけ、雄花と雌花がほぼ同じ種群と、異なる種群に大別される。タイプ種は *Cyc. loddigesii*。

キクノケス・エガートニアナム
ジェームズ・ベイトマン『メキシコとグアテマラのラン』(1843)より

●キクノケス・エガートニアナム
学名：*Cyc. egertonianum*

着生植物。メキシコ南部〜コロンビアの標高600〜1,800mに分布。偽鱗茎は円筒状紡錘形で、長さ約20cm、5〜10葉をつける。雄花と雌花がはっきり異なる。雄花の花序は下垂し、長さ80cm以上、多花をつける。雄花は紫色を帯び、径7〜8cm。雌花は肉質で、径3〜4cm、緑白色、短い花序に1〜数花をつける。花期は夏〜秋。種形容語 *egertonianum* は、イギリスのラン愛好家エガートン (Egerton) への献名。

キクノケス・ペンタダティロン

●キクノケス・ペンタダティロン
学名：*Cyc. pentadactylon*

着生植物。ペルー〜ブラジルの標高750〜1,000mに分布。偽鱗茎はほぼ円筒形で、長さ10〜15cm。雄花と雌花がはっきり異なる。雄花の花茎は下垂し、長さ5〜25cm、密に多花をつける。雄花は淡緑色地に赤褐色の斑点が入り、径約8cm。雌花の花茎は短く、1〜3花をつける。雌花は肉厚で、黄白色地に栗色の斑点が入り、径7〜8cm。花期は夏。種形容語 *pentadactylon* は古代ギリシア語で「五指の」の意。

●キクノケス・ベントリコスム
学名：*Cyc. ventricosum*
英名：swan orchid

着生植物。メキシコ南部〜中央アメリカの標高400〜1,000mに分布。偽鱗茎はやや扁平な円筒状紡錘形で、長さ30cm以上、5〜6葉をつける。雄花と雌花がほぼ同じタイプ。花茎は下垂し、長さ30cm以上、3〜8花をつける。花は肉厚で、薄緑色、径8〜12cm。唇弁は白色で、基部に緑色の爪状突起がある。雌花は雄花に比べ、より小さい。花期は夏〜初秋。種形容語 *ventricosum* はラテン語で「厚いくちばしを持っている、膨らんだ」の意で、湾曲したずい柱に因む。英名もずい柱を白鳥の首に見立てたことによる。

モルモデス属　　　　　　　　　　　　　*Mormodes* [略号：*Morm.*]

モルモデス属はメキシコ〜熱帯アメリカ南部に約80種が分布。属名は、古代ギリシア語で「悪戯好きの妖精ゴブリン」と「似ている」を意味する2語からなり、本属の花の奇妙な形態に因む。落葉性。英名は goblin orchids（ゴブリンラン）。タイプ種は *Morm. buccinator*。本属の花は両性花だが、花粉塊が除去されるまで機能面では雄花で、柱頭は受粉を受けつけない特徴がある。

●モルモデス・ブッキナトル　　学名：*Morm. buccinator*

着生植物。メキシコ南東部〜ボリビア東部の標高450〜1,500mに分布。偽鱗茎は紡錘形で、長さ約15cm。花茎は直立または弓状で、長さ約35cm、数〜多花をつける。花は変異に富む、多くは緑色味を帯び、唇弁は淡黄白色、やや肉厚で、中央が膨らむ。花径は約5cm。花期は冬〜春。種形容語 *buccinator* は、ラテン語で「らっぱ手、膨らんだ」の意で、唇弁の形態に因む。

モルモデス・ブッキナトル

❖セッコク亜科・シュスラン連・カタセツム亜連　❖カタセツム類の人工属

'モルモデス・ロルフェアナ'ペルーフローラ'

● モルモデス・ロルフェアナ
学名：*Morm. rolfeana*
着生植物。コロンビア～ボリビア西部の標高900～1,900mに分布。偽鱗茎は紡錘形で、長さ約10cm、約5葉をつける。花茎は長さ約15cmで、3～5花をつける。花は赤色または濃緑色に筋が入り、長さ10cmほど。花期は冬。種形容語 *rolfeana* は、イギリスのラン研究家ロルフェ(R. A. Rolfe)への献名。

キクノデス属　　　　　×*Cycnodes* [略号：Cycd.]

キクノデス属は、2属間交雑(*Cycnoches*×*Mormodes*)により作出された人工属。

'オルキス'

● キクノデス・タイワン・ゴールド
学名：*Cycd.* Taiwan Gold
交雑親：*Cyc. chlorochilon*
　　　　× *Morm. badia*
登録：2004年　登録者：Orchis Flor.
写真は優良個体の'オルキス'('Orchis')で、光沢のある黄花が美しい。花期は秋～冬。

フレッドクラーケアラ属　　　×*Fredclarkeara* [略号：Fdk.]

フレッドクラーケアラ属は、3属間交雑(*Catasetum* × *Clowesia* × *Mormodes*)により作出された人工属。

'SVOブラック・パール'

● フレッドクラーケアラ・アフター・ダーク
学名：*Fdk.* After Dark
交雑親：*Mo.*(×*Mormodia*) Painted Desert
　　　　× *Ctsm.* Donna Wise
登録：2002年　登録者：F. Clarke
写真は優良個体'SVOブラック・パール'('SVO Black Pearl')で、黒色花を咲かせる人気の良品。スパイシーなニッキ様の芳香を放つ。花期は秋～冬。

073

❖セッコク亜科・シュンラン連・シュンラン亜連

シュンラン属の野生種 *Cymbidium* [略号：*Cym.*]

シュンラン属は熱帯・亜熱帯アジア～オーストラリアに80種以上が分布。属名 *Cymbidium* は、古代ギリシア語で「小舟に似た」の意で、唇弁の形に因む。タイプ種は ***Cym. aloifolium***。

●シンビジウム・トレイシアヌム　学名：*Cym. tracyanum*
着生植物。チベット南東部～中国南西部、インドシナ北部の標高1,200～1,900mに分布。偽鱗茎は扁平な卵形で、長さ5～15cm、5～10花をつける。花茎は弓状で、長さ55～90cm、10～20花をつける。花は有香、緑黄色地に赤褐色の斑点が入り、径9～12cm。花期は9～12月。種形容語 *tracyanum* は、本種を初開花させたイギリスのラン栽培家トレイシー（H. A. Tracy）への献名。1890年に新種として発表される。

シンビジウム・トレイシアヌム

‖オーキッド・トリビア‖ 熱帯・亜熱帯原産のラン科植物の野生種およびその交雑種は、日本には当初、ヨーロッパを通じて紹介されたため、西洋ランを略して洋ランと呼ばれている。シンビジウム・トレイシアヌムは、日本に導入された最初の洋ランとして知られている。イギリスの商人グラバー（T. B. Glover）は、幕末の1859（安政6）年に来日し、長崎で活躍した。幕末の志士と交流し、日本の近代化に重要な役割を果たした。グラバーがいつ、どのようにして洋ランを持ち込んだか、正確な情報がないものの、当時、グラバーに庭師として仕えていた加藤百太郎氏がグラバーから譲り受けたシンビジウム・トレイシアヌムが長崎の人々に大切に引き継がれ、「グラバーさん」の愛称で親しまれている。

グラバー邸にはサンルーム形式の温室が設けられており、ここでシンビジウム・トレイシアヌムなどの熱帯・亜熱帯植物を楽しんだと思われる。本種は1890（明治23）年に新種として発表されているので、導入は明治中期以降と考えられる。

旧グラバー邸の温室

●シンビジウム・アロイフォリウム
学名：*Cym. aloifolium*

着生植物。ヒマラヤ〜東南アジア西部の標高0〜1,100mに分布。偽鱗茎は扁平な卵形で、長さ3〜10cm、4〜5葉をつける。葉は肉厚で、長さ40〜90cm。花茎は下垂し、長さ40〜90cmで、20〜35花をつける。花は径約3cmで、やや香る。花色は黄色地で、中央には紫紅色の幅広い筋が入る。花期は4〜5月。種形容語 *aloifolium* は、ラテン語で「アロエ属のような葉の」の意で、葉の特徴に因む。

シンビジウム・アロイフォリウム

●シンビジウム・ビコロル
学名：*Cym. bicolor*

着生植物。ベトナム、マレーシア半島、ボルネオ、スラウェシ、ジャワ、スマトラ、フィリピンの標高400〜1,100mに分布。偽鱗茎はやや扁平な長卵形、長さ約5cm、5〜7葉をつける。花茎は弓状または下垂し、長さ30〜75cm、まばらに多花をつける。花は淡黄色〜乳白色地に栗褐色の幅広い筋が入り、径2.5〜4.5cm。花期は春〜初夏。種形容語 *bicolor* は、ラテン語で「2色の」の意で、花色に因む。

シンビジウム・ビコロル（タイ北部のルーイ県にて）

●ヘツカラン
別名：カンポウラン
学名：*Cym. dayanum*

着生または地生植物。ヒマラヤ〜東南アジア、インドネシア、日本（九州南部以南）などの標高200〜1,800mに分布。偽鱗茎は円筒形で、長さ約5cm、5〜6葉をつける。花茎は下垂し、長さ20〜30cm、8〜15花をつける。花は白色地に赤色の筋が入り、径4〜5cm。花期は2〜4月。種形容語 *dayanum* は、イギリスのラン栽培家デイ（J. Day）への献名。

ヘツカラン

シンビジウム・デボニアヌム

シンビジウム・エブルネウム

スルガラン

◉ シンビジウム・デボニアヌム
学名：*Cym. devonianum*
着生植物。ネパール南部〜中国（雲南）、東南アジアの標高1,000〜2,000mに分布。偽鱗茎は卵形、長さ約4cm、2〜3葉をつける。花茎は下垂し、長さ15〜30cm、多花をつける。花は紫緑色、唇弁は紫紅色で、径2.5〜3.5cm。花期は3〜4月。種形容語 *devonianum* は、イギリスのデボンシャー公爵（duke of Devonshire）への献名。

◉ シンビジウム・エブルネウム
学名：*Cym. eburneum*
着生植物。ヒマラヤ〜中国・海南省の標高300〜2,000mに分布。偽鱗茎はやや扁平な紡錘形、長さ4〜10cm、6〜17葉をつける。花茎は直立し、長さ25〜40cm、1〜2花をつける。花は乳白色で、径7〜10cm。花期は2〜5月。種形容語 *eburneum* は、ラテン語で「象牙白色の」の意で、花色に因む。

◉ スルガラン　学名：*Cym. ensifolium*
地生植物。東南アジア〜日本を含む温帯東アジア、フィリピンの標高0〜1,500mに分布。偽鱗茎は長さ1.5〜2.5cm、2〜4葉をつける。花茎は直立し、長さ20〜30cm、3〜9花つける。花は香りがあり、淡黄色〜薄緑色で、径3〜5cm。花期は6〜10月。種形容語 *ensifolium* は、ラテン語で「剣形の葉の」の意。

◉ シンビジウム・エリトラエウム
学名：*Cym. erythraeum*
着生植物。ヒマラヤ〜中国西南部の標高1,000〜2,400mに分布。偽鱗茎は扁平な卵形、長さ2〜8cm、5〜12葉をつける。花茎は弓状または直立し、長さ40〜78cm、3〜15花をつける。花は緑色地に赤褐色の斑点と筋が入り、径6〜8cm。花期は10〜1月。種形容語 *erythraeum* は、古代ギリシア語で「帯紅色の」の意で、花の斑点に因む。

シンビジウム・エリトラエウム '利休'

シンビジウム・エリトロスティルム'フォーチュイティ'

● **シンビジウム・エリトロスティルム**
学名：*Cym. erythrostylum*
着生植物。ベトナムの標高1,500m付近に分布。偽鱗茎は狭卵形で、長さ約6cm、6〜8葉をつける。花茎は弓状、長さ15〜40cm、4〜8花をつける。花は白色、唇弁は深赤色の筋と斑点が入り、径約6cm。花期は5〜7月。種形容語 *erythrostylum* は、古代ギリシア語で「赤い花柱の」の意。

キンリョウヘン

● **キンリョウヘン**
学名：*Cym. floribundum*
着生植物。中国南部〜ベトナム北部、台湾の標高400〜3,300mに分布。偽鱗茎は卵形、長さ2.5〜3.5cm、3〜6葉をつける。花茎は長さ16〜35cm、密に10〜40花をつける。花は赤褐色で、唇弁は白地に紫紅色斑点が入り、径3〜4cm。花期は4〜8月。種形容語 *floribundum* は、ラテン語で「花の多い」の意。小型シンビジウムの交雑親として重要。ニホンミツバチを引き寄せる香りを放ち、分蜂群の捕獲に活用。

● **シンビジウム・インシグネ**　学名：*Cym. insigne*
地生または岩生植物。タイ北部〜中国・海南省の標高1,000〜2,600mに分布。偽鱗茎は卵形、長さ5〜9cm、6〜9葉をつける。花茎は直立〜弓状、長さ60〜120cm、8〜12花をつける。花は淡桃紫色、唇弁は乳白色地に紫紅色の斑点が入り、径8〜9cm。花期は11〜2月。種形容語 *insigne* は、ラテン語で「抜群の」の意で、花の美しさに因む。シンビジウムの交雑親として重要で、多用される（80頁）。

シンビジウム・インシグネ

シュンラン

●シュンラン
学名：*Cym. goeringii*

地生植物。ヒマラヤ〜韓国、中国、台湾、日本などの標高300〜3,000mに分布。偽鱗茎は卵形、長さ1〜2.5cm、4〜7葉をつける。花茎は長さ約15cm、1花をつける。花は淡緑色〜赤褐色、径3〜5cm。花期は1〜3月。種形容語 *goeringii* は、日本で本種のタイプ標本を採集したゲーリング（P. F. W. Göring）への献名。東洋ランとして愛好家が多い。

●カンラン
学名：*Cym. kanran*

地生植物。中国南部〜ベトナム北西部、日本南部の標高700〜1,800mに分布。偽鱗茎は長さ2〜4cm、3〜5葉をつける。花茎は25〜80cm、5〜12花をつける。花は強香を放ち、淡紅紫または緑色、径6〜8cm。花期は8〜12月。種形容語 *kanran* は和名に因む。東洋ランとして愛好家が多い。写真は'日向の誉'（'Hyuga-no-Homare'）。

カンラン'日向の誉'

●ナギラン
学名：*Cym. lancifolium*

地生植物。熱帯・亜熱帯アジアの標高300〜2,300mに分布。偽鱗茎は長さ2〜15cm、2〜5花をつける。花茎は長さ10〜35cm、2〜10花をつける。花は白色〜淡緑色で、径3〜5cm。花期は5〜8月。種形容語 *lancifolium* は、ラテン語で「披針形葉の」の意。写真は'東海'（'Tokai'）。

ナギラン'東海'

●シンビジウム・スーチョワニクム
学名：*Cym. sichuanicum*

着生植物。中国・四川省中北部の標高1,200〜1,600mに分布。偽鱗茎は長さ6〜10cm、5〜8葉をつける。花茎は直立または弓状、長さ50〜70cm、10〜15花をつける。花は薄黄橙色で、唇弁に赤褐色の斑点が入り、径6〜7cm。花期は2〜3月。種形容語 *sichuanicum* は、ラテン語で「四川省の」の意。写真は'成都の春'（'Seito-no-Haru'）。

シンビジウム・スーチョワニクム'成都の春'

●シンビジウム・セイデンファデニ
学名：*Cym. seidenfadenii*　異名：*Cym. insigne* subsp. *seidenfadenii*

地生植物。タイ北部の標高1,000m以上に分布。花茎は直立～弓状、80cm以上になり、約10花をつける。花径は7～8cm。シンビジウム・インシグネの亜種から、2014年に独立種となった。種形容語 *seidenfadenii* は、タイのデンマーク大使セイデンファデン（G. Seidenfaden）への献名。

シンビジウム・セイデンファデニ（タイ北部のルーイ県にて）

ホウサイラン '宝山'

●ホウサイラン
学名：*Cym. sinense*

地生植物。アッサム～日本南部の標高300～2,000mに分布。偽鱗茎は卵形、長さ2～5cm、3～4葉をつける。花茎は直立し、長さ40～90cm、10～20花をつける。花は赤褐色地に濃色の脈が入り、径4～5cm、芳香を放つ。花期は11～3月。種形容語 *sinense* は、ラテン語で「中国の」の意で、原産地に因む。写真は '宝山'（'Hozan'）

●シンビジウム・ウィルソニイ
学名：*Cym. wilsonii*

着生植物。中国・雲南省南部、ベトナムの標高2,100～2,500mに分布。偽鱗茎は長さ4～6cm、7～10花をつける。花茎は直立または弓状、長さ25～70cm、5～15花をつける。花は緑色で褐色点が入り、唇弁は乳白色地に赤褐色の斑紋が入る。花期は2～4月。種形容語 *wilsonii* は、発見者のイギリス人ウィルソン（E. H. Wilson）への献名。写真は 'シセン'（'Sisen'）。

シンビジウム・ウィルソニイ 'シセン'

シュンラン属の人工交雑種　　*Cymbidium*［略号：*Cym.*］

シンビジウム・エブルネオロウイアヌム
ジャン・ジュール・ランダン『ランダニア』第13巻（1897）より

シンビジウム・アレクサンデリ'ウエストンバート'

● シンビジウム・エブルネオロウイアヌム
学名：*Cym.* Eburneo-lowianum
交雑親：*Cym. eburneum*
　　　　× *Cym. lowianum*
登録：1889年　登録者：Veitch
シュンラン属最初の種間交雑種。交雑親はいずれも花径7〜10cmと大輪で、シンビジウム・エブルネウム（76頁）は1〜2花を、シンビジウム・ロウイアヌムは10〜20花をつける。

● シンビジウム・アレクサンデリ
学名：*Cym.* Alexanderi
交雑親：*Cym.* Eburneo-lowianum
　　　　× *Cym. insigne*
登録：1911年　登録者：Sir George Holford
花茎は直立または弓状、長さ高さ約100cm、最大30花をつける。花は白色、淡桃色、または黄白色で、径7〜9cm。写真は'ウエストンバート'（'Westonbirt'）。

‖オーキッド・トリビア‖ シンビジウムの育種は、シンビジウム・エブルネウムとシンビジウム・ロウイアヌムとの交雑により育成されたシンビジウム・エブルネオロウイアヌムから始まった。この交雑種は、1889年に開催された英国王立園芸協会主催の品評会で1等賞を受賞している。この受賞がきっかけとなり、その後、交雑による育種がますます盛んになった。イギリス・グラスゴーにあったジョージ・ホルフォード卿の農園でラン担当のH. G. アレキサンダーは、シンビジウム・エブルネオロウイアヌムとシンビジウム・インシグネを交配し、1911年に作出者を記念してシンビジウム・アレクサンデリとして登録した。特に、白花の優良個体'ウエストンバート'（'Westonbirt'）を交雑親に用いると、その子孫は大輪となる傾向が強く、最も重要な交雑親とされる。その後の調査で、'ウエストンバート'の染色体は4倍体であることが明らかになった。

シンビジウム・ドロシー・ストックスティル'フォーガトゥン・フルーツ'

● シンビジウム・ドロシー・ストックスティル
学名：*Cym.* Dorothy Stockstill
交雑親：*Cym.* Phar Lap
　　　　× *Cym.* Miss Muffet
登録：1992年　登録者：E. Stockstill
テーブルシンビと呼ばれる小型シンビジウムで、花茎が下垂する。花期は春。写真は'フォーガトゥン・フルーツ'('Forgotten Fruits')で、深紅の唇弁が印象的。

シンビジウム・ジョアン・テーラー'ミリオン・キス'

● シンビジウム・ジョアン・テーラー
学名：*Cym.* Joan Taylor
交雑親：*Cym.* Touchstone
　　　　× *Cym.* Cariga
登録：1991年　登録者：Santa Barbara
写真は'ミリオン・キス'('Million Kiss')で、花つきがいい人気品種。花茎は下垂する。花は薄橙色で、唇弁は赤みを帯び、径約7cm。

シンビジウム・ラッキー・グロリア'福だるま'

● シンビジウム・ラッキー・グロリア
学名：*Cym.* Lucky Gloria
交雑親：*Cym.* Lucky Rainbow
　　　　× *Cym.* Red Gloria
登録：1996年
登録者：Kawano Mericlone
写真は'福だるま'('Fukudaruma')で、花はピンク色地に紫赤色のぼかしが入り、径8～10cm。多くの優良兄弟個体が知られる。

シンビジウム・パール・ドーソン'プロキオン'

● シンビジウム・パール・ドーソン
学名：*Cym.* Pearl Dawson
交雑親：*Cym.* Miretta
　　　　× *Cym. devonianum*
登録：1989年　登録者：Geyserland
写真は'プロキオン'('Procyon')で、花は黄緑色地に赤色の条線が入り、唇弁には暗紫赤色の覆輪が入り、径6～8cm。

グランマトフィルム属

Grammatophyllum [略号: *Gram.*]

グランマトフィルム属は、東南アジア、インドネシア、ニューギニア、フィリップ諸島、太平洋南西部に13種が分布。属名 *Grammatophyllum* は、古代ラテン語で「文字」と「葉」を意味する2語からなり、花の文様を葉に記された文字に見立てたことに因む。偽鱗茎が長く伸びる種と、長卵形になる種に大別できる。タイプ種は *Gram. speciosum*。

グランマトフィルム・スペキオスム

● グランマトフィルム・スペキオスム

学名: *Gram. speciosum*
英名: tiger orchid

着生ときに岩生植物。熱帯アジアの標高100〜1,200mに分布。偽鱗茎はサトウキビの茎のような円筒形で、長年伸長し続けて長さ3m以上になる。花茎は直立または下垂し、長さ2〜3mで、密に多花をつける。株が大きくなると2〜4年ごとに開花する。花は緑黄色地に橙褐色の斑紋が入り、径10〜12cm。花期は夏〜秋。種形容語 *speciosum* は、ラテン語で「美しい」の意で、花の美しさに因む。英名は、花の斑紋に因む。

左／花のアップ　右／最古の株（シンガポール植物園にて）

不稔性の花

‖オーキッド・トリビア‖ 最も重いランとして知られ、「世界最大のラン」と呼ばれている。最重量として知られる個体は2トン（おそらく着生していた樹木の枝などを含む）と報告されており、この個体は1851年に開催されたロンドン万国博覧会のクリスタルパレスで展示され、センセーションを引き起こした。また、栽培記録が残る「最も古いラン」も本種とされ、1861年にシンガポール植物園に植えられ、160年以上も生き続けている（上右写真）。花には2型あり、花序の下部には不稔性で、唇弁がない花がつき、花粉媒介者を誘うための香りだけを発している。

082

グランマトフィルム・マルタエ'マッシイズ'

グランマトフィルム・マルタエの花のアップ

グランマトフィルム・スクリプツム

グランマトフィルム・スタペリイフロルム

● **グランマトフィルム・マルタエ**
学名：*Gram. martae*
着生植物。フィリピンの標高0〜300mに分布。偽鱗茎はやや扁平な卵形、長さ約20cm、数枚の葉をつける。花茎は弓状、長さ1m以上、多花をつける。花は黄緑色地に褐色の斑紋が大きく入り、径6.5〜7.5cm。花期は夏。種形容語 *martae* は、フィリピンのラン愛好家マルタ・リベラ（Marta Rivilla）への献名。左上の写真は'マッシイズ'（'Mass's'）で、世界らん展日本大賞2018「日本大賞」受賞個体。

● **グランマトフィルム・スクリプツム**
学名：*Gram. scriptum*
着生植物。インドネシア・マルク州〜サンタクルーズ諸島の標高0〜100mに分布。偽鱗茎はやや扁平な卵形、長さ20cm、3〜5葉をつける。花茎は弓状、長さ80〜190cm、密に100花以上つける。花はふつう緑黄色地に暗褐色の斑紋が不規則に入り、径約5cm。花期は夏。種形容語 *scriptum* は、ラテン語で「刻まれた」の意で、花の斑紋に因む。

● **グランマトフィルム・スタペリイフロルム**
学名：*Gram. stapeliiflorum*
着生植物。マレー半島〜ニューギニアの標高200〜1,000mに分布。偽鱗茎は扁平な広卵形、長さ10〜15cm、2〜3葉をつける。花茎は下垂し、長さ25〜65cm、密に多花をつける。花は濃栗色、径4〜5cmで、悪臭に近い香りを放つ。花期は夏。種形容語 *stapeliiflorum* は、ラテン語で「キョウチクトウ科のスタペリア属の花の」の意で、花の特徴に因む。

❖セッコク亜科・シュンラン連・キルトポディウム亜連

キルトポディウム属 *Cyrtopodium* [略号：*Cyrt.*]

キルトポディウム属は、フロリダ南部〜熱帯アメリカに48種が分布。属名 *Cyrtopodium* は、古代ギリシア語で「曲がった」と「足」を意味する2語からなり、湾曲したずい柱に因む。タイプ種は *Cyrt. andersonii*。

● キルトポディウム・アンダーソニイ
学名：*Cyrt. andersonii*

着生または地生植物。コロンビアから北部南アメリカおよび北部ブラジル、トリニダードの標高300〜1,500mに分布。偽鱗茎は円筒状、長さ60〜100cm。花茎は分枝し、長さ80〜160cm、多花をつける。花は黄色で、径約3〜4.5cm。花期はふつう春。種形容語 *andersonii* は、スウェーデンのラン採集家で本種を発見したアンダーソン（J. Anderson）への献名。

アンセリア属 *Ansellia* [略号：*Aslla.*]

アンセリア属は、1属1種の単型属で、熱帯および南アフリカに分布する。属名 *Ansellia* は、イギリスのラン愛好家で本種を発見したアンセル（John Ansell）への献名。

● アンセリア・アフリカナ
学名：*Aslla. africana*
英名：leopard orchid

着生植物。熱帯および南アフリカの標高700〜2,200mに分布。偽鱗茎は紡錘形〜円筒状、長さ10〜50cm、8〜10葉をつける。花茎は分枝し、長さ30〜90cm、多花をつける。花は黄色地に多くは濃栗色の斑点が密に入り、径3〜6cm。花期は春〜夏。種形容語 *africana* は、ラテン語で「アフリカの」の意で、自生地に因む。

❖セッコク亜科・シュンラン連・エウロフィア亜連

エウロフィア属 　　　　　　　　　　　　　*Eulophia*［略号：*Euph.*］

エウロフィア属は、広く熱帯・亜熱帯圏に約270種が分布。属名 *Eulophia* は、古代ギリシア語で「よい」と「櫛」を意味する2語からなり、唇弁の隆起に因る。近年、*Cymbidiella* など6属が本属と統合する説が提唱され（Chaseら, 2021）、本書もこの説に従った。タイプ種は *Eupha. guineensis*。

エウロフィア・ギニエンシス

● **エウロフィア・ギニエンシス**
学名：*Euph. guineensis*
地生植物。カーボベルデ、熱帯アフリカからボツワナ、アラビア半島の標高600〜2,000mに分布。偽鱗茎は円錐形、長さ約3cm、3〜4葉をつける。花茎は直立し、長さ40〜60cm、5〜15花をつける。花は紫緑色、唇弁は淡桃色地に濃桃色の筋が入り、径4〜5cm。花期は春。種形容語 *guineensis* は、ラテン語で「西アフリカのギニアの」の意で、自生地に因む。

● **エウロフィア・ホースフォリー**
学名：*Euph. horsfallii*
地生植物。熱帯および南アフリカの標高0〜2,500mの湿地に分布。草丈1〜3mになる大型種。偽鱗茎は卵形。常緑の葉は長さ30〜250cm。花茎は直立し、長さ1〜3m、5〜50花をつける。花は白色〜ピンク色、唇弁には紫色の筋と赤〜紫斑が入り、径約5cm。花期は9〜5月。種形容語 *horsfallii* は、本種を西アフリカで採取し、イギリスで初開花に成功したホースフォール（J. B. Horsfall）への献名。

● **エウロフィア・パルダリナ**
学名：*Euph. pardalina*
異名：*Cymbidiella pardalina*
着生植物。マダガスカル東部の標高800〜1,300mに分布。偽鱗茎は長さ7〜12cm、5〜10葉をつける。花茎は直立または弓状、長さ60〜100cm、約20花をつける。花は黄緑色地に黒色斑点が入り、唇弁の先は赤色、径6〜8cm。花期は春〜夏。種形容語 *pardalina* は、ラテン語で「ヒョウに似た斑紋のある」の意で、花の特徴に因む。自生地ではビカクシダの仲間のプラチケリウム・マダガリエンセ（*Platycerium madagascariense*）だけに着生する。

エウロフィア・ホースフォリー

エウロフィア・パルダリナ

❖ セッコク亜科・シュンラン連・マクシラリア亜連

アングロア属
Anguloa [略号：*Ang.*]

アングロア属は、南アメリカ西部〜ベネズエラに10数種が分布。属名 *Anguloa* は、ペルーのラン愛好家でスペインの鉱山総局局長アングロ（F. de Angulo）への献名。タイプ種は *Ang. uniflora*。英名は花形より、**tulip orchids**（チューリップラン）。

アングロア・クリフトニイ

アングロア・クロウシイ

アングロア・ウニフロラ

● **アングロア・クリフトニイ**　学名：*Ang. cliftonii*
地生植物。コロンビアの標高1,000〜1,800mに分布。偽鱗茎は卵状長楕円形、長さ10〜15cm、2〜3葉をつける。花茎は直立し、長さ20〜25cm、1花をつける。花はレモン黄色で、側花弁の基部に紫紅色の線、上部に横縞と斑紋が入り、長さ7〜8cm。花期は春〜夏。種形容語 *cliftonii* は、イギリスのラン愛好家で、本種を初開花させたクリフトン（T. Clifton）への献名。

● **アングロア・クロウシイ**　学名：*Ang. clowesii*
地生植物。コロンビア〜ベネズエラの標高1,800〜2,500mに分布。偽鱗茎は円錐形、長さ約13cm、数葉をつける。花茎は直立し、長さ約30cm、1花をつける。花は黄色で香りがあり、長さ7〜8cm。花期は春〜初夏。種形容語 *clowesii* は、イギリスのラン愛好家クロウズ（J. Clowes）への献名。

● **アングロア・ウニフロラ**　学名：*Ang. uniflora*
地生または着生植物。ペルー中部の標高1,400〜2,500mに分布。偽鱗茎は狭卵状楕円形、長さ10〜15cm、1〜2花をつける。花茎は直立し、長さ15〜25cm、1花をつける。花は白色地に紅赤色の斑点が入る。花期は春。種形容語 *uniflora* は、ラテン語で「単花の」の意で、花茎に1花つけることにちなむ。本属の中で最も花が開く特徴がある。

ビフレナリア属

Bifrenaria[略号:*Bif.*]

ビフレナリア属は、熱帯アメリカ中・南部に20数種が分布。属名 *Bifrenaria* は、ラテン語で「二つ」と「手綱」を意味する2語からなり、花粉塊の柄が2本であることに因む。タイプ種は *Bif. atropurpurea*。

ビフレナリア・アウレオフルバ

● ビフレナリア・アウレオフルバ
学名:*Bif. aureofulva*
着生植物。ブラジル東・南部の標高200～1,500mに分布。偽鱗茎は卵形、長さ2～3.5cm、1葉をつける。花茎は直立し、長さ15～30cm、5～15花を下向きにつける。花は橙黄色で、径約2.5cm。花期は秋。種形容語 *aureofulva* は、ラテン語で「黄金色の」の意で、花色に因む。

ビフレナリア・ハリソニアエ

● ビフレナリア・ハリソニアエ
学名:*Bif. harrisoniae*
着生植物。ブラジル南東・南部の標高200～700mに分布。偽鱗茎は卵状洋ナシ形、長さ5～7.5cm、1葉をつける。花茎は直立し、長さ約5cm、1～2花をつける。花は象牙白色で、唇弁は白色または黄色地に紫紅色の線とぼかしが入り、有香、径7～8cm。種形容語 *harrisoniae* は、イギリスのラン愛好家ハリソン(A. Harrison)への献名。

ビフレナリア・イノドラ

● ビフレナリア・イノドラ
学名:*Bif. inodora*
着生植物。ブラジル南東・南部の標高50～1,000mに分布。偽鱗茎は卵形、長さ5～9cm、1葉をつける。花茎は斜上し、長さ5～15cm、少数花をつける。花は黄緑色または褐色を帯び、唇弁は白色、黄色、紅色～赤紫色、径7～8cm。花期は春。種形容語 *inodora* は、ラテン語で「香りのない」の意であるが、時に花が香ることがある。

087

ビフレナリア・ティリアンティナ

●ビフレナリア・ティリアンティナ
学名：*Bif. tyrianthina*
着生植物。ブラジル東部の標高1,000～2,000mに分布。偽鱗茎は卵形、長さ5～8cm、1葉をつける。花茎は直立、長さ10～20cm、少数花をつける。花は菫紫色で、唇弁は濃菫紫色、径7～8cm。花期は春～初夏。種形容語 *tyrianthina* は、古代ギリシア語で「紫色の花の」の意で、花色に因む。

イーダ属の野生種 *Ida*

イーダ属は、カリブ海諸島～熱帯アメリカ南部に34種が分布。属名 *Ida* は、ギリシア神話でゼウスを養育したクレータ島の精霊イーデー（Ide または Ida）に因む。2003年、リカステ属（89頁）から独立した。タイプ種は *Ida locusta*。

●イーダ・ラインバッキイ
学名：*Ida reichenbachii*
異名：*Lycaste reichenbachii*
　　　Sudamerlycaste reichenbachii
岩生、地生、着生植物となる特異な種。南アメリカ西部の標高1,600m付近に分布。偽鱗茎は長さ8～18cm、3～4葉をつける。花茎は直立し、長さ10～30cm、1花をつける。花はふつうオリーブ色で、夜間に芳香を放つ。花期は春。種形容語 *reichenbachii* は、ドイツのラン研究者ライヘンバッハ（H. G. Reichenbach）への献名。

イーダ属の人工交雑種 *Ida*

'イクコ'

●イーダ・グリーン・スイーティー
学名：*Ida* Green Sweetie
異名：*Sudamerlycaste* Green Sweetie
交雑親：*Ida locusta* × *Ida fimbriata*
登録：2009年　登録者：Shuji Suzuki
交雑親は両種ともに緑色花で、花つきがよい。写真は'イクコ'（'Ikuko'）。

リカステ属の野生種

Lycaste［略号：*Lyc.*］

リカステ属は、メキシコ～熱帯アメリカに約50種が分布。属名 *Lycaste* は、ギリシア神話に登場するニンフで、トロイア王プリアモスの美しい娘リュカステー（Lycaste）に因む。落葉性。タイプ種は *Lyc. macrophylla*。

●リカステ・ビルギナリス　学名：*Lyc. virginalis*　異名：*Lyc. skinneri*
着生植物。メキシコ～ホンジュラスの標高1,200～1,800mに分布。偽鱗茎は扁平な卵形、長さ5～10cm、2～3葉をつける。花茎は長さ15～30cm、1花をつける。花は薄赤紫色まれに白色で、径12～14cmと大きい。花期は冬～春。下左図のような純白タイプは、グアテマラの国花で、現地では Monja Blanca（白い修道女）と呼ばれる。種形容語 *virginalis* は、ラテン語で「処女のような、純白の」の意で、花色に因む。

リカステ・ビルギナリス
ロバート・ワーナー『オーキッド・アルバム』1886図（1886）より

'ルージュ'（'Rouge'）

●リカステ・アロマティカ
学名：*Lyc. aromatica*
着生植物。メキシコ～中央アメリカの標高1,200m付近に分布。偽鱗茎は扁平な卵形、長さ5～10cm、数葉をつける。花茎は多数生じ、長さ15cm以上、1花をつける。花は甘いシナモン様の芳香を放ち、黄色、唇弁は橙色、径約6cm。花期は春。種形容語 *aromatica* は、ラテン語で「芳香性の」の意で、芳香を放つ花に因む。

リカステ・アロマティカ

リカステ・ブレビスパタ

● リカステ・ブレビスパタ
学名：*Lyc. brevispatha*
着生植物。中央アメリカの標高800〜1,800mに分布。偽鱗茎は2〜4葉をつける。花茎は多数生じ、長さ約10cmと短く、1花をつける。花は香りがあり、径約5cm。花色は変異に富む。花期は春〜初夏。種形容語 *brevispatha* は、ラテン語で「短い苞のある」の意で、おそらく短い花茎に因む。

リカステ・クルエンタ

● リカステ・クルエンタ
学名：*Lyc. cruenta*
着生植物。メキシコ〜ホンジュラスの標高1,800〜2,200mに分布。偽鱗茎は長さ10cm以上、数葉をつける。花茎は長さ7〜17cm、1花をつける。花は橙黄色、径6〜8cm、シナモン様の芳香を放つ。側花弁と唇弁基部に赤色斑が入る。花期は春。種形容語 *cruenta* は、ラテン語で「血紅色の」の意。

リカステ・デッペイ

● リカステ・デッペイ　学名：*Lyc. deppei*
着生植物。メキシコ〜コロンビア北西部の標高1,100〜1,700mに分布。偽鱗茎は卵形、長さ6〜10cm。花茎は長さ12〜15cm、1花をつける。花は有香、径約10cm、萼片は淡緑色地に赤色斑点が入り、側花弁は白色、唇弁は黄色地に赤い線と斑点が入る。花期は夏。種形容語 *deppei* は、本種を発見したイギリスのラン収集家デッペ（Deppe）への献名。

リカステ・ラシオグロッサ

● リカステ・ラシオグロッサ
学名：*Lyc. lasioglossa*
地生植物。メキシコ〜ホンジュラスの標高1,400〜1,800mに分布。偽鱗茎は卵形、長さ5〜10cm、2葉をつける。花茎は長さ25cm、1花をつける。花は径約10cm。萼片は赤褐色、側花弁は黄色、唇弁は黄色地に赤紫色の線と斑点、先に軟毛がある。花期は春。種形容語 *lasioglossa* は、古代ギリシア語で「軟毛のある」の意で、唇弁の特徴に因む。

リカステ・マクロフィラ

●リカステ・マクロフィラ
学名：*Lyc. macrophylla*
地生植物。南アメリカ北・西部の標高400～2,400mに分布。偽鱗茎は卵形、長さ約10cm、2～3葉をつける。葉は長さ40～80cmと大きい。花茎は長さ15～18cm、1花をつける。花は径8～10cm、有香。花色は変異に富む。萼片はオリーブ緑色～桃黄褐色。側花弁と唇弁は白色でしばしば紫赤色の斑点が入る。花期は3～7月。種形容語 *macrophylla* は、古代ギリシア語で「大きな葉の」の意で、葉の特徴に因む。

リカステ・トリコロル

●リカステ・トリコロル
学名：*Lyc. tricolor*
着生植物。中央アメリカの標高600～1,000mに分布。偽鱗茎は卵形、長さ7～8cm、3～4葉をつける。花茎は長さ6～7cm、1花をつける。花は径約5cm、有香。萼片は半透明で、淡緑褐色。側花弁と唇弁は白色地に淡紅色を帯びる。花期は春～夏。種形容語 *tricolor* は、ラテン語で「3色の」の意で、おそらく側花弁と唇弁の斑紋がはっきり入る個体の花色に因む。

リカステ属の人工交雑種

Lycaste [略号：*Lyc.*]

●リカステ・スペクタビリス
学名：*Lyc.* Spectabilis
交雑親：*Lyc. aromatica* × *Lyc. virginalis*
登録：1912年
登録者：Sanders [St Albans]
本交雑種はイギリスのラン研究家サンダー(H. F. C. Sander)によって育成、登録された。この交雑組み合わせは1848年にフランスの園芸家リヴィエール(A. Rivière)が実施していたが、叔父の指示により中断した。この交雑が成功すればラン科植物最初の人工交雑種になっていた。

リカステ・ボーリアエ

◉ リカステ・ボーリアエ
学名：*Lyc.* Balliae
交雑親：*Lyc. macrophylla* × *Lyc. virginalis*
登録：1896年
登録者：Sanders［St Albans］
初期の銘花で、花色はピンク～褐赤色。特に、'メアリー・グラトリクス'（'Mary Gratrix'）は交雑親として多用され、多数の良花を作出した重要個体。

リカステ・ヘンティ'スプラッシュ'

◉ リカステ・ヘンティ
学名：*Lyc.* Henty
交雑親：*Lyc.* Shoalhaven × *Lyc.* Leo
登録：1984年　登録者：A. Alcorn
交雑親として著名なリカステ・ショールヘブンを片親に持つ。写真の'スプラッシュ'（'Splash'）は、飛び散ったような楔斑が入る。

リカステ・ラクホク'リッチ'

◉ リカステ・ラクホク
学名：*Lyc.* Rakuhoku
交雑親：*Lyc.* Auburn × *Lyc.* Shoalhaven
登録：2002年　登録者：T. Goshima
片親のリカステ・オーバーンは、ピンク色～黄色まで様々な個体が出現する。本交雑種もさまざまな花色の個体が知られる。写真は'リッチ'（'Rich'）。

リカステ・ショールヘブン'エイコ'

◉ リカステ・ショールヘブン
学名：*Lyc.* Shoalhaven
交雑親：*Lyc. virginalis* × *Lyc.* Koolena
登録：1976年　登録者：J. Apperley
強健な交雑種で、多くの優良個体が知られ、交雑親としても多用されている。花色は鮮赤色～桃色。写真は'エイコ'（'Eiko'）。

❖リカステ類の人工属

アングロカステ属　　　×*Angulocaste* [略号：*Angcst.*]

アングロカステ属は、2属間交雑(*Anguloa*×*Lycaste*)により作出された人工属。

● アングロカステ・アポロ　学名：*Angcst.* Apollo
交雑親：*Ang. clowesii* × *Lyc.* Imschootiana　登録：1952年　登録者：*Cooke*
花は径約10cm、濃黄色。写真は'ゴールド・コート'('Gold Court')。

● アングロカステ・シンフォニー　学名：*Angcst.* Symphony
交雑親：*Ang. cliftonii* × *Lyc. aromatica*　登録：1994年　登録者：A. Iwase
花には芳香がある。

アングロカステ・アポロ'ゴールド・コート'

アングロカステ・シンフォニー

リキダ属　　　×*Lycida* [略号：*Lcd.*]

リキダ属は2属間交雑(*Ida*×*Lycaste*)により作出された人工属。

リキダ・アクイラ'ディテント'

● リキダ・アクイラ
学名：×*Lycida* Aquila
交雑親：*Lcd.* Brugensis × *Lyc.* Jason
登録：1975年　登録者：Wyld Court
萼片は黄杏色で、花茎は約13cm。写真は'ディテント'('Detent')で、強健で栽培しやすい。

リキダ・ゲイザー・ゴールド'ゴールデン・スター'

● リキダ・ゲイザー・ゴールド
学名：×*Lycida* Geyser Gold
交雑親：*Lyc.* Auburn × *Lcd.* Aquila
登録：1986年　登録者：Geyserland
花色は橙褐色で、独特の雰囲気がある。写真は'ゴールデン・スター'('Golden Star')。

マクシラリア属 *Maxillaria* [略号：Max.]

マクシラリア属は、熱帯・亜熱帯アメリカに650種以上が分布する。属名 *Maxillaria* は、ラテン語で「あご骨」の意で、多くの種が側面からずい柱と唇弁の形が、昆虫のあごに似ることに因む。タイプ種は *Max. platypetala*。

マクシラリア・コクシネア

●マクシラリア・コクシネア
学名：*Max. coccinea*
異名：*Ornithidium coccineum*

着生植物。カリブ海諸島〜南アメリカ北部の標高500〜1,000mに分布。偽鱗茎は卵形で、1葉をつける。細くて硬い花茎は偽鱗茎の基部から多数生じ、1花をつける。花は緋紅色で、径約2cm。花期は春〜夏。種形容語 *coccinea* は、ラテン語で「緋紅色の」の意で、花色に因む。花蜜を多量に分泌し、唇弁基部に貯められる。

●マクシラリア・エゲルトニアヌム
学名：*Max. egertoniana*
異名：*Trigonidium egertonianum*

着生植物。メキシコ南部〜ガイアナ、エクアドルの標高0〜1,000mに分布。偽鱗茎は扁平な楕円形、長さ4〜9cm、2葉をつける。花茎は直立し、長さ20〜40cm。花は緑黄色〜桃褐黄色、長さ約3cm。側花弁は非常に小さく、先が灰青色で、小さな眼に似る。花期は春。種形容語 *egertoniana* は、イギリスのラン愛好家エガートン（P. de M. G. Egerton）への献名。

マクシラリア・エゲルトニアヌム

マクシラリア・エラティオル

●マクシラリア・エラティオル
学名：*Max. elatior*

着生植物。メキシコ中部〜中央アメリカの標高400〜1,500mに分布。葡匐茎は長く伸びて立ち上がる。偽鱗茎は扁平な卵形、1〜2葉をつける。花茎は短く、1花をつける。花は肉厚で、赤黄色〜レンガ赤色、径約5cm。花期は冬。種形容語 *elatior* は、ラテン語で「より高い」の意で、立ち上がる葡匐茎に因む。

マクシラリア・グランディフロラ

●マクシラリア・グランディフロラ
学名：*Max. grandiflora*

着生植物。ベネズエラ、コロンビア〜エクアドル、ペルーの標高2,000〜3,000mに分布。偽鱗茎は卵形、長さ約5cm、1葉をつける。花茎は長さ15〜25cm、1花をつける。花は径約10cmと大きく、有香。花期は晩春〜夏。種形容語 *grandiflora* は、ラテン語で「大きな花の」の意。

マクシラリア・リネオラタ

●マクシラリア・リネオラタ
学名：*Max. lineolata*
異名：*Mormolyca ringens*

着生植物。コスタリカ〜メキシコの標高0〜1,000mに分布。偽鱗茎は長さ2〜4cm、1葉をつける。花茎に1花をつける。花は長さ3〜4cm。花期は春〜夏。揺れ動く唇弁が花粉媒介者のハチの仲間を誘う。種形容語 *lineolata* は、ラテン語で「細い線の」の意で、花に入る条線に因む。

マクシラリア・ルテオアルバ

●マクシラリア・ルテオアルバ
学名：*Max. luteoalba*

着生植物。コスタリカ、ベネズエラ〜エクアドルの標高700〜1,100mに分布。偽鱗茎は長さ3〜5cm、1葉をつける。花茎は長さ9〜14cm、1花をつける。花は径約10cm。花期は春〜初夏。種形容語 *luteoalba* は、ラテン語で「黄白色の」の意で、花色に因む。

マクシラリア・ナスタ

●マクシラリア・ナスタ
学名：*Max. nasuta*

着生植物。メキシコ〜ボリビアの標高150〜2,000mに分布。偽鱗茎は長さ5〜7cm、1葉をつける。花茎は長さ約15cm、1花をつける。花は径約8cm。萼片と側花弁は黄色、唇弁は赤色。花期は4〜12月。種形容語 *nasuta* は、ラテン語で「鼻のある」の意で、前に突き出るずい柱に因む。

マクシラリア・ネオヴィーディー

マクシラリア・ピクタ

マクシラリア・ポルフィロステレ

マクシラリア・ルフェスケンス

● **マクシラリア・ネオヴィーディー**
学名：*Max. neowiedii*
異名：*Max. vernicosa*
小型の着生植物。ブラジル～アルゼンチンの標高200～1,700mに分布。偽鱗茎は長さ約1cm、2葉をつける。葉は針状で多肉、長さ1.5～5cm。花茎は長さ1cm、1花をつける。花は黄色、径約0.8cm。花期は夏。種形容語 *neowiedii* は、ドイツのノイヴィート（Wied-Neuwied）の探検家マクシミリアン王子への献名。

● **マクシラリア・ピクタ**
学名：*Max. picta*
着生植物。ブラジル、アルゼンチンに分布。偽鱗茎は扁平な洋ナシ形、長さ4～7cm、2葉をつける。花茎は長さ8～16cm、1花をつける。花は黄色地に紫紅色の斑点が入り、有香、径5～6cm。花期は冬。種形容語 *picta* は、ラテン語で「有色の」の意で、花の斑点に因む。

● **マクシラリア・ポルフィロステレ**
学名：*Max. porphyrostele*
着生植物。ブラジルに分布。偽鱗茎は長さ約3cm、2葉をつける。花茎は直立し、長さ約8cm、1花をつける。花は淡緑黄色で、径約3cm、有香。ずい柱は紫紅色。花期は冬～春。種形容語 *porphyrostele* は、古代ギリシア語で「紫色のずい柱の」の意で、ずい柱の特徴に因む。

● **マクシラリア・ルフェスケンス**
学名：*Max. rufescens*
着生植物。熱帯アメリカの標高200～2,000mに分布。偽鱗茎は長さ1.5～6cm、1葉をつける。花茎は長さ1～3cmと短く、1花をつける。花は径約3cm。花色は変異に富み、淡赤褐色～桃褐色または緑黄色、唇弁には赤褐色の斑点が入る。花期は冬～春。種形容語 *rufescens* は、ラテン語で「やや赤い」の意。

マクシラリア・サンデリアナ

マクシラリア・シュンケアナ

マクシラリア・ソフロニティス

マクシラリア・スブレペンス

◉マクシラリア・サンデリアナ
学名：*Max. sanderiana*

着生植物。エクアドル、ペルーの標高1,200〜2,500mに分布。偽鱗茎は扁平な卵形、長さ約5cm、1葉をつける。花茎は斜上し、長さ12〜25cm。花は白色地に深紫色の斑紋が入り、径12〜15cmと大きい。花期は春〜初夏。種形容語 *sanderiana* は、イギリスのラン研究家サンダー（H. F. C. Sander）への献名。

◉マクシラリア・シュンケアナ
学名：*Max. schunkeana*

着生植物。ブラジルの標高600〜700mに分布。偽鱗茎は円筒形で、2葉をつける。花茎は短く、1花をつける。花は黒に近い濃紫黒色で、径約1cm。花期は不定期。種形容語 *schunkeana* は、ブラジルのラン愛好家シュンケ（Schunke）への献名。

◉マクシラリア・ソフロニティス
学名：*Max. sophronitis*

小型の着生植物。ベネズエラ〜コロンビア北東部の標高750〜1,700mに分布。偽鱗茎は長さ約1cm、1葉をつける。花茎は短く、1花をつける。花は橙赤色で、径約1.5cm。花期は春〜秋。種形容語 *sophronitis* は、ラテン語で「ソフロニティス属（現カトレヤ属）に似た」の意。

◉マクシラリア・スブレペンス
学名：*Max. subrepens*
異名：*Trigonidium acuminatum*

着生植物。熱帯アメリカ南部の標高100〜1,800mに分布。偽鱗茎は長さ4〜9cm、2葉をつける。花茎は直立し、長さ15〜20cm、1花をつける。花は淡黄色〜濁黄色、褐黄色で、しばしば紫筋が入り、径2cm。花期は夏。種形容語 *subrepens* は、ラテン語で「やや匍匐する」の意で、偽鱗茎に匍匐茎があることに因む。

マクシラリア・テヌイフォリア

● **マクシラリア・テヌイフォリア**
学名：*Max. tenuifolia*
着生植物。中央アメリカの標高1,500m以上に分布。偽鱗茎は卵形、長さ2〜6cm、1葉をつける。花茎は長さ約5cm、1花をつける。花は、黄色地に濃赤色の斑点が入り、径3.5〜5cm、ココナッツのような香りがある。花期は春〜夏。種形容語 *tenuifolia* は、ラテン語で「繊細な葉の」の意で、葉の特徴に因む。

マクシラリア・バリアビリス

● **マクシラリア・バリアビリス**
学名：*Max. variabilis*
小型の着生植物。メキシコ〜パナマの標高500〜2,500mに分布。偽鱗茎は長さ1.5〜5cm、1葉をつける。花茎は直立し、長さ3〜5cm、1花をつける。花は径約2cm、花色は変異に富み、白色〜濃赤色、橙色または緑黄色。唇弁中央部は光沢のある濃色。花期は冬〜春。種形容語 *variabilis* は、ラテン語で「多型の」の意で、変異があることに因む。

ネオムーレア属　　　　　　　*Neomoorea* [略号：*Nma.*]

ネオムーレア属は、パナマ〜コロンビア西部に1種が分布する、1属1種の単型属。属名 *Neomoorea* は、ダブリン・グラスネヴィンの国立植物園園長を務めたムーア（F. W. Moore）への献名で、すでに *Moorea* 属が存在していたことから、ギリシア語で新しいを意味する neos を加えた。

● **ネオムーレア・ヴァリシイ**
学名：*Nma. wallisii*
地生または着生植物。パナマ〜コロンビア西部の標高50〜100mに分布。偽鱗茎は卵形、長さ約10cm、1〜3葉をつける。葉は幅広く、葉脈が目立つ。花茎は長さ15〜50cm、5〜12花をつける。花はろう質、径約6cmで、芳醇な香りを放つ。萼片と側花弁は赤褐色で基部が白色、唇弁は淡黄色で褐紫色の横縞が入る。花期は春。種形容語 *wallisii* は、ドイツのラン採集家ヴァリス（G. Wallis）への献名。

スクティカリア属

Scuticaria [略号：*Sca.*]

スクティカリア属は、熱帯アメリカ南部に12〜13種が分布。属名 *Scuticaria* は、ラテン語で「むち」の意で、むちのような葉に因む。タイプ種は *Sca. steelei*。

● スクティカリア・ストリクフォリア　学名：*Sca. strictifolia*

岩生または着生植物。ブラジル、ガイアナに分布。偽鱗茎はごく短いこん棒状で、1葉をつける。葉は直立し、棒状、長さ30〜40cm。花茎は長さ約10cm、1花をつける。花は径5〜6cm。萼片と側花弁は黄色地に茶色の斑点が入る。花期は春〜秋。種形容語 *strictifolia* は、ラテン語で「硬い葉の」の意。

クシロビウム属

Xylobium [略号：*Xyl.*]

クシロビウム属は、メキシコ〜熱帯アメリカに35〜36種が分布。属名 *Xylobium* は、古代ギリシア語で「木」と「生きる」の2語からなり、茎が木質であることに因む。タイプ種は *Xyl. variegatum*。

● クシロビウム・ブラクテスケンス
学名：*Xyl. bractescens*

着生まれに岩生植物。南アメリカ西部の標高1,800〜2,400mに分布。偽鱗茎は円筒状長楕円形、長さ3〜6cm、1葉をつける。花茎は長さ約45cm、まだらに多花をつける。苞は細長く、線形。花は濁黄色で、径3.5〜4cm。花期は秋〜冬。種形容語 *bractescens* は、ラテン語で「長い苞の」の意。

❖セッコク亜科・シュンラン連・オンシディウム亜連

ブラシア属の野生種

Brassia［略号：Brs.］

ブラシア属は、フロリダ南部、メキシコ〜熱帯アメリカに約30種が分布。属名 *Brassia* は、植物画家で、ジョゼフ・バンクス（J. Banks）の命によりギニアと南アフリカで植物採集を行ったブラス（W. Brass）への献名。英名は spider orchids（クモラン）で、多くの種の花形がクモに似ることに因む。タイプ種は *Brs. maculata*。

ブラシア・アルクイゲラ

● **ブラシア・アルクイゲラ**
学名：***Brs. arcuigera***
異名：***Brs. longissima***

着生植物。中央アメリカ〜ペルーの標高200〜1,500mに分布。偽鱗茎は卵形、長さ5〜18cm、1葉をつける。花茎は弓状、長さ30〜40cm、6〜15花をつける。花は有香、長さ30〜40cm。萼片と側花弁は細長く、黄緑色地に褐色の斑紋が入る。花期は春〜秋。種形容語 *arcuigera* は、ラテン語で「弓状の」の意で、花茎が弓状に曲がることに因む。本属中、最も萼片が長い。

ブラシア・アウランティアカ

● **ブラシア・アウランティアカ**
学名：***Brs. aurantiaca***
異名：***Ada aurantiaca***

着生植物。コロンビア〜ベネズエラ北西部の標高2,150〜2,300mに分布。偽鱗茎は長さ7.5〜10cm、1〜2葉をつける。花茎は長さ20〜40cm、7〜12花をつける。花は橙赤色で、長さ2〜3cm。花期は秋。種形容語 *aurantiaca* は、ラテン語で「橙赤色の」の意で、花色に因む。

ブラシア・カウダタ

● **ブラシア・カウダタ**
学名：***Brs. caudata***

着生植物。フロリダ、メキシコ〜熱帯アメリカの標高0〜1,200mに分布。偽鱗茎は卵形、長さ6〜15cm、2〜3葉をつける。花茎は弓状に伸び、長さ30〜45cm、5〜15花をつける。花は有香、長さ15〜20cm。側萼片は長さ10〜13cm。花期は冬。種形容語 *caudata* は、ラテン語で「尾状の」の意で、花形に因む。

ブラシア・パスコエンシス

● ブラシア・パスコエンシス
学名：*Brs. pascoensis*
着生植物。ペルーの標高800m付近に分布。偽鱗茎は長さ約10cm、2〜3葉をつける。花茎は長さ20〜25cm、密に10〜14花をつける。花は径約3.5cm、ミカン様の香りがある。花期は春。種形容語 *pascoensis* は、ラテン語で「パスコ産の」の意で、ペルー中部の都市セロ・デ・パスコに因む。

● ブラシア・バルコサ
学名：*Brs. verrucosa*
着生植物。メキシコ〜ブラジル北部の標高900〜2,400mに分布。偽鱗茎は卵形、長さ6〜10cm、2葉をつける。花茎は弓状、長さ60〜75cm、2列に多花をつける。花は長さ15〜20cm、淡緑色地に濃緑色斑点が入る。唇弁下部に濃緑色のいぼ状突起がある。花期は春〜秋。種形容語 *verrucosa* は、ラテン語で「いぼ」の意で、唇弁のいぼ状突起（下）に因む。

ブラシア・バルコサ　右／唇弁のいぼ状突起

ブラシア属の人工交雑種

Brassia [略号：Brs.]

● ブラシア・チャック・ハンソン
学名：*Brs.* Chuck Hanson
交雑親：*Brs. caudata* × *Brs. aurantiaca*
登録：2008年　登録者：Ecuagenera
交雑親のブラシア・アウランティアカ（100頁）の花色が引き継がれた交雑種。ブラシア・カウダタ（100頁）のように萼片と側花弁が細長い。写真は'キミカ'（'Kimika'）。

'キミカ'

コンパレッティア属 *Comparettia* [略号：*Comp.*]

コンパレッティア属は、メキシコ～熱帯アメリカに70種以上が分布。属名 *Comparettia* は、イタリアの医師、植物学者のコンパレッティ（A. Comparetti）への献名。タイプ種は *Comp. falcata*。

コンパレッティア・イグネア

● コンパレッティア・イグネア
学名：*Comp. ignea*

着生植物。コロンビアの標高1,400～1,600mに分布。偽鱗茎は狭楕円形、長さ2～4cm、1葉をつける。花茎は時に分枝し、弓状または下垂し、長さ40～60cm、8花ほどをつける。花は朱赤色で、長さ2～2.5cm。花期は秋～冬。種形容語 *ignea* は、ラテン語で「ほのおの色の」の意で、花色に因む。

コンパレッティア・マクロプレクトロン

● コンパレッティア・マクロプレクトロン
学名：*Comp. macroplectron*

着生植物。コロンビアの標高1,200～2,000mに分布。偽鱗茎は狭楕円形、長さ3～5cm、1葉をつける。花茎は時に分枝し、弓状、長さ25～40cm、2列に4～8花をつける。花は長さ3.5～4.5cm、淡桃色地に桃紫色の斑点が入る。距は長さ約3cm。花期は冬～春。種形容語 *macroplectron* は、古代ギリシア語で「大きな距のある」の意で、長く目立つ距に因む。

コンパレッティア・スペキオサ

● コンパレッティア・スペキオサ
学名：*Comp. speciosa*

着生植物。エクアドル南東部～ペルーの標高700～2,000mに分布。偽鱗茎は小さい紡錘状、1葉をつける。花茎は時に分枝し、弓状、長さ30～50cm、8花ほどをつける。花は橙赤色、長さ3.5cm。花期は冬。種形容語 *speciosa* は、ラテン語で「美しい、目立つ」の意で、花の美しさに因む。

アスパシア属

Aspasia［略号：*Asp.*］

アスパシア属は、熱帯アメリカに7種が分布。属名 *Aspasia* の由来には諸説あり、古代ギリシア語で「幸せ」を意味するとも、アテネの政治家プリクレスの愛妾アスパシア（Aspasia）に因むともいわれる。タイプ種は *Asp. epidendroides*。

● アスパシア・ルナタ　学名：*Asp. lunata*
着生植物。ボリビア北東部〜ブラジルに分布。偽鱗茎は卵形、長さ5〜7cm、2葉をつける。花茎は長さ4〜6cm、1〜2花をつける。花は径4〜5cm。萼片と側花弁は緑色地に褐色斑点、唇弁は白色で中央は菫色。花期は春。種形容語 *lunata* は、ラテン語で「月形の」の意で、由来は不明。

クイトラウジナ属

Cuitlauzina［略号：*Cu.*］

クイトラウジナ属は、メキシコ〜コロンビアに分布。属名 *Cuitlauzina* は、メキシコで公立公園を設計したアステカ王の弟クイトラワツィン（Cuitlahuac）への献名。タイプ種は *Cu. pendula*。

● クイトラウジナ・プルケラ　学名：*Cu. pulchella*
着生植物。メキシコ〜ニカラグアの標高1,200〜2,600mに分布。偽鱗茎は卵状楕円形、長さ5〜10cm、2葉をつける。花茎は直立し、長さ15〜50cm、3〜10花をつける。花は白色で、径約2cm。花期は秋〜冬。種形容語 *pulchella* は、ラテン語で「美しい」の意で、花の美しさに因む。

キルトキルム属

Cyrtochilum［略号：*Cyr.*］

キルトキルム属は、カリブ海諸島、コスタリカ〜ペルーに130種以上が分布。属名 *Cyrtochilum* は、古代ギリシア語で「湾曲した」と「唇弁」を意味する2語からなり、唇弁が湾曲した種の特徴に因む。タイプ種は *Cyr. undulatum*。

● キルトキルム・マクランツム
学名：*Cyr. macranthum*　着生植物。コロンビア〜ペルー北部の標高2,400〜3,200mに分布。偽鱗茎は卵状円筒形、長さ7〜15cm、2葉をつける。花茎は長さ60〜300cm、時に分枝し、多花をつける。花は黄色で、径7〜10cm。花期は初夏。種形容語 *macranthum* は、古代ギリシア語で「大きな花の」の意。

ゴメサ属

Gomesa［略号：Gom.］

ゴメサ属は、熱帯アメリカ南部〜アルゼンチン北部に約120種が分布。属名 *Gomesa* はポルトガルの医師でブラジルの薬用植物の著書であるゴメス（B. A. Gomez）への献名。タイプ種は *Gom. recurva*。

●ゴメサ・インペラトリス-マキシミリアニ
学名：*Gom. imperatoris-maximiliani*
異名：*Oncidium crispum*

着生植物。ブラジル東・南部の標高50〜1,200 mに分布。偽鱗茎は卵形、長さ7〜10 cm、2〜3葉をつける。花茎は長さ40〜110 cm、分枝し、多花をつける。花は光沢がある栗褐色、径5〜7 cm。花期は秋〜初冬。種形容語 *imperatoris-maximiliani* は、後にメキシコ皇帝になったマクシミリアン（F. Maximilian Joseph）への献名（オーキッド・トリビア参照）。

ロバート・ワーナー『ラン類精選図譜第2集』26図（1865）より

‖**オーキッド・トリビア**‖ 近年のDNA情報を活用した分類学の発展により、ラン科植物の分類も大きく様変わりしている。多くの属が統合、独立、移動されることで、新たな命名時にこれまでにはなかった問題が起こることがある。例えば、ゴメサ・インペラトリス-マキシミリアニは、従前の学名はオンシディウム・クリスプム（*Oncidium crispum*）であったが、DNA情報を活用した分類によりゴメサ属に分類されることとなった。このような場合、本来、新たな学名を与えるには種形容語をラテン語の文法上の規則に則って、属名の性に従い語尾を変化させて命名することとなる。オンシディウム属の性は中性、ゴメサ属は女性であるので、種形容語は「*crispa*」と語尾変化して、新たな学名は *Gomesa crispa* とすべきであった。しかし、この学名はすでに別種に与えられており、同名異種（ホモニム）となるため、学名の先取権の原則により、同名となることを回避し、上記の学名となった（2009）。人工交雑種の場合、さらに複雑な状況となっている（118頁オーキッド・トリビア）。

ゴメサ・コンコロル

● ゴメサ・コンコロル
学名：*Gom. concolor*
着生植物。ブラジル～アルゼンチン北東部の標高300～1,500mに分布。偽鱗茎は長さ3～5cm、2葉をつける。花茎は長さ10～30cm、まばらに6～12花をつける。花は明黄色、長さ約5cm。花期は初夏。種形容語 *concolor* は、ラテン語で「同色の」の意で、花色に因む。

ゴメサ・エキナタ

● ゴメサ・エキナタ
学名：*Gom. echinata*
異名：*Baptistonia echinata*
着生植物。ブラジルの標高50～1,200mに分布。偽鱗茎は長さ3～10cm、2葉をつける。花茎は下垂し、長さ25～40cm、数～多花をつける。花は径2.5～3.5cm。花色は淡黄色、唇弁の先は栗色。花期は冬。種形容語 *echinata* は、ラテン語で「刺の」の意で、唇弁の2本の牙状突起に因む。

ゴメサ・フレクスオスム

● ゴメサ・フレクスオスム
学名：*Gom. flexuosa*
着生植物。ブラジル東・南部～アルゼンチン北部の標高0～1,200mに分布。偽鱗茎は長さ4～8cm、2葉をつける。花茎は長さ60～100cm、分枝し、多花をつける。花は径1.5～2cm、黄色地に褐色斑紋が入る。花期は秋～冬。種形容語 *flexuosa* は、ラテン語で「曲がった」の意で、花序の特徴に因む。

ゴメサ・フォーブシイ

● ゴメサ・フォーブシイ
学名：*Gom. forbesii*
着生植物。ブラジル南東部の標高50～1,200mに分布。偽鱗茎は楕円状卵形、長さ5～7.5cm、1～2葉をつける。花茎は長さ45～90cm、時に分枝し、多花をつける。花は径5～6cm、光沢のある栗褐色に黄色の覆輪が入る。花期は9～10月。種形容語 *forbesii* は、イギリスの植物学者で植物採集家フォーブス（J. Forbes）への献名。

ゴメサ・ロンギペス

● ゴメサ・ロンギペス
学名：*Gom. longipes*
着生植物。ブラジル南東・南部～アルゼンチン北東部に分布。偽鱗茎は長さ2～3cm、1～2葉をつける。花茎は長さ10～15cm、2～5花をつける。花は径2～3.5cm。萼片と側花弁は淡黄色地に褐色斑紋が入る。花期は春～初夏。種形容語 *longipes* は、ラテン語で「長いずい柱の」の意。

ゴメサ・ノヴァエシエ

● ゴメサ・ノヴァエシエ
学名：*Gom. novaesiae*
着生植物。ブラジル、パラグアイの標高500～1,800mに分布。偽鱗茎は円筒形。花茎は25～30cm、多花をつける。花は径約5cm。萼片と側花弁は栗色、唇弁は栗色地に黄色の斑紋が入る。花期は冬。種形容語 *novaesiae* は、人名ノヴァエス(Novaes)に因むと考えられる。

ゴメサ・ラディカンス

● ゴメサ・ラディカンス
学名：*Gom. radicans*
異名：*Sigmatostalix radicans*
小型の着生植物。ブラジル南東・南部の標高400m付近に分布。偽鱗茎は長さ3～5cm、2葉をつける。花茎は長さ7～15cm、約10花をつける。花は径0.6～0.7cmと小さく、淡緑色。ずい柱は黒紫色で目立つ。花期はふつう秋。種形容語 *radicans* は、ラテン語で「地面に根を張る」の意。

ゴメサ・サルコデス

● ゴメサ・サルコデス
学名：*Gom. sarcodes*
着生植物。ブラジルの標高50～200mに分布。偽鱗茎は紡錘形、長さ10～15cm、2～3葉をつける。花茎は弓状、分枝し、時に長さ1mを超え、まばらに多花をつける。花は径3.5～5cm、光沢がある栗褐色で、縁は黄色。花期は春。種形容語 *sarcodes* は、古代ギリシア語で「肉質の」の意。

イオノプシス属 *Ionopsis*［略号：*Inps.*］

イオノプシス属はフロリダ南部、メキシコ、熱帯アメリカに7種が分布。属名 *Ionopsis* は古代ギリシア語で「スミレ」と「似た」の2語からなり、スミレに似ることに因む。タイプ種は *Inps. utricularioides*。

●イオノプシス・ウトリクラリオイデス
学名：*Inps. utricularioides*

着生植物。フロリダ南部、メキシコ南部、熱帯アメリカの標高0～1,300mに分布。偽鱗茎は長さ2～3cm、1葉をつける。花茎は長さ50～90cm、多花をつける。花は長さ1.5cm、白色～赤桃色。花期は春～秋。種形容語 *utricularioides* は、ラテン語で「タヌキモ属（*Utricularia*）に似た」の意で、花が似ることに因む。

ロッカーティア属 *Lockhartia*［略号：*Lhta.*］

ロッカーティア属は、メキシコ南部～熱帯アメリカ南部に30種以上が分布。属名 *Lockhartia* は、イギリスの植物学者ロッカート（D. Lockhart）への献名。タイプ種は *Lhta. imbricata*。

●ロッカーティア・ミクランタ
学名：*Lhta. micrantha*

小型の着生植物。茎は長さ5～40cm、葉は密に2列につく。花茎は短く、1～数花をつける。花は径1cmと小さく、黄色。花期は冬～春。種形容語 *micrantha* は、古代ギリシア語で「小さい花」の意。

マクラデニア属 *Macradenia*［略号：*Mcdn.*］

マクラデニア属は、熱帯・亜熱帯アメリカに10数種が分布。属名 *Macradenia* は古代ギリシア語で「長い」と「腺」の2語からなり、花粉塊の長い柄に因む。タイプ種は *Mcdn. lutescens*。

●マクラデニア・ムルティフロラ
学名：*Mcdn. multiflora*

着生植物。ブラジル～パラグアイに分布。偽鱗茎は線状長楕円形、長さ4～6cm、1葉をつける。花茎は弓状、長さ10～30cm、密に多花をつける。花は赤褐色、径約2cm、有香。花期は秋～冬。種形容語 *multiflora* は、ラテン語で「多花の」の意。

ミルトニア属

Miltonia [略号：*Milt.*]

ミルトニア属は、ブラジル～アルゼンチン北東部に12種、自然交雑種7種が分布。属名 *Miltonia* は、イギリスの園芸界の後援者ミルトン子爵（Viscount Milton）への献名。タイプ種は *Milt. spectabilis*。

ミルトニア・クロウシイ

●ミルトニア・クロウシイ
学名：*Milt. clowesii*
着生植物。ブラジル南東部の標高800m付近に分布。偽鱗茎は細長い卵形、長さ7～10cm、2葉をつける。花茎は長さ30～45cm、7～10花をつける。花は径5～7cm。萼片と側花弁は栗色地に黄色の横縞が入る。唇弁は白色。花期は秋。種形容語 *clowesii* は、イギリスのラン収集家クロウズ（R. J. Clowes）への献名。

ミルトニア・クネアタ

●ミルトニア・クネアタ
学名：*Milt. cuneata*
着生植物。ブラジル南東部の標高800～1,000mに分布。偽鱗茎は卵状長楕円形、長さ6～10cm、2葉をつける。花茎は長さ60cm、5～8花をつける。花は径約6～7cm。萼片と側花弁は栗褐色地に黄色の筋が入り、唇弁は白色。花期は春。種形容語 *cuneata* は、ラテン語で「楔形の」の意で、唇弁中央に走る楔状隆起に因むと思われる。

ミルトニア・フラベスケンス

●ミルトニア・フラベスケンス
学名：*Milt. flavescens*
着生植物。ブラジル～アルゼンチンの標高800m付近に分布。偽鱗茎は卵状長楕円形、長さ5～12cm、2葉をつける。花茎は長さ30～50cm、5～10花をつける。花は径6～8cm。萼片と側花弁は淡黄色、唇弁は黄白色地に基部には赤紫色の筋が走る。花期は夏～秋。種形容語 *flavescens* は、ラテン語で「淡黄色の」の意で、花色に因む。

ミルトニア・モレリアナ

●ミルトニア・モレリアナ
学名：*Milt. moreliana*
着生植物。ブラジルに分布。下記のミルトニア・スペクタビリスに近縁で、花色が紫色で、唇弁が幅広い特徴がある。花期は夏。種形容語 *moreliana* は、フランスのパリ近郊のラン栽培者で、本種をブラジルから送られたモレル（G. M. Morel）への献名。

ミルトニア・スペクタビリス

●ミルトニア・スペクタビリス
学名：*Milt. spectabilis*
着生植物。ブラジル南東部の標高800m付近に分布。偽鱗茎は長さ7〜10cm、2葉をつける。花茎は長さ約20〜25cm、1花をつける。花は径6.5〜7.5cm。萼片と側花弁は白色〜淡黄色、唇弁は白色地に赤紫色の筋が入る。花期は夏。種形容語 *spectabilis* は、ラテン語で「素晴らしい」の意。

ミルトニア・フィマトキラ

●ミルトニア・フィマトキラ
学名：*Milt. phymatochila*
着生植物。ブラジル東部の標高650〜1,300mに分布。偽鱗茎は紡錘形、長さ6〜13cm、1葉をつける。花茎は長さ50〜150cm、分枝し、多花をつける。花は長さ4〜5cm。萼片と側花弁は淡黄色地に褐色の縞と斑点が入る。花期は春〜夏。種形容語 *phymatochila* は、古代ギリシア語で「隆起した唇弁の」の意で、唇弁の特徴に因む。

ミルトニア・レグネリイ

●ミルトニア・レグネリイ
学名：*Milt. regnellii*
着生植物。ブラジル南東・南部の標高300〜800mに分布。偽鱗茎は長さ5〜10cm、2葉をつける。花茎は長さ30〜50cm、3〜7花をつける。花は径5〜7.5cm。萼片と側花弁は白色、唇弁は淡紅色地に紅紫色の筋が入る。花期は冬〜春。種形容語 *regnellii* は、本種を発見したスウェーデンの植物学者レグネル（A. F. Regnell）への献名。

ミルトニオプシス属の野生種 *Miltoniopsis* [略号：*Mps.*]

ミルトニオプシス属は、南アメリカ中部・西部〜ベネズエラに5種が分布。属名 *Miltoniopsis* は、花がミルトニア属（*Miltonia*）に似ることに因む。ミルトニア属とは偽鱗茎に1葉をつけ、唇弁と隆起線で結合するずい柱、分布域が異なることなどで区別される。タイプ種は *Mps. vexillaria*。

ミルトニオプシス・ベクシラリア
ロバート・ワーナー『ラン類精選図譜第2集』38図（1865）より

● ミルトニオプシス・ベクシラリア
学名：*Mps. vexillaria*
着生植物。南アメリカ西部の標高1,000〜2,200mに分布。偽鱗茎は卵状円筒形、長さ約4cm、1葉をつける。花茎は弓状、長さ30〜50cm、4〜8花をつける。花は径7〜10cm。花色は変異に富み、白色やピンク色。唇弁は広く、扇状、基部に黄色と栗色の斑紋が入る。花期は春〜初夏。種形容語 *vexillaria* は、ラテン語で「旗の」の意で、唇弁が派手な旗のように見えることに因む。ミルトニオプシス属の交雑種の最も重要な交雑親として知られる。

ミルトニオプシス・ビスマルキイ

● ミルトニオプシス・ビスマルキイ
学名：*Mps. bismarckii*
着生植物。ペルーの標高600〜1,800mに分布。偽鱗茎は卵形、長さ約3.5cm、1葉をつける。花茎は長さ約15cm、4〜6花をつける。花は桃紫色で、径3〜4cm。唇弁は先が桃紫色、基部は白色で桃紫色の斑点が入る。花期は2〜4月。種形容語 *bismarckii* は、1985年に本種を発見したビスマルク（K. von Bismarck）への献名。1989年に新種として発表された。

ミルトニオプシス・ファラエノプシス

◉ミルトニオプシス・ファラエノプシス
学名：*Mps.* phalaenopsis
着生植物。コロンビア北東・中央部の標高1,200〜1,500mに分布。偽鱗茎は卵形、長さ約3cm、1葉をつける。花茎は10〜15cm、3〜5花をつける。花は径5〜6cm、白色。唇弁は白色で紫紅色の斑紋が入る。花期は冬。種形容語 *phalaenopsis* は、古代ギリシア語で「コチョウラン属（ファレノプシス属, 202頁）に似た」の意で、花形に因む。

ミルトニオプシス・レーツリイ

◉ミルトニオプシス・レーツリイ
学名：*Mps.* roezlii
着生植物。パナマ〜ベネズエラ〜エクアドルの標高200〜1,000mに分布。偽鱗茎は長卵形、長さ5〜6.5cm、1葉をつける。花茎は20〜30cm、2〜5花をつける。花は白色で、基部に紅色の斑紋が入り、径8〜10cm。花期は秋。種形容語 *roezlii* は、本種を発見したオーストリアのラン収集家レーツル（B. Roezl）への献名。

ミルトニオプシス属の人工交雑種　*Miltoniopsis* [略号：*Mps.*]

'ドロレス'

◉ミルトニオプシス・バート・フィールド
学名：*Mps.* Bert Field
交雑親：*Mps.* Mulatto Queen
　　　　× *Mps.* Woodlands
登録：1965年　登録者：G. Hoyt
極大輪で、花径8〜10cmになる。花期は冬〜春。写真は優良個体の'ドロレス'（'Dolores'）で、花色が濃赤紅色で、唇弁は濃紅色。唇弁基部の突起は橙紅色。やや早咲きで、11月には開花する。兄弟個体に'ブラック・キング'（'Black King'）が知られる。

ミルトニオプシス・ツェレ'ヴァセルファル'

◉ミルトニオプシス・ツェレ
学名：*Mps.* Celle
交雑親：*Mps.* Lydia × *Mps.* Lingwood
登録：1958年
登録者：Wichmann Orch.
大輪で花色は濃紅色。写真は'ヴァセルファル'('Wasserfall')で、花色は濃赤紅色、唇弁には雫のような白色斑紋が入る。

ミルトニオプシス・イースタン・ベイ'ロシアン'

◉ミルトニオプシス・イースタン・ベイ
学名：*Mps.* Eastern Bay
交雑親：*Mps.* Andy Easton
　　　　× *Mps.* Le Nez Point
登録：1996年　登録者：Mukoyama
花は大輪で、赤紫色に白色覆輪が入る。写真は'ロシアン'('Russian')。

ミルトニオプシス・ルージュ'カリフォルニア・プラム'

◉ミルトニオプシス・ルージュ
学名：*Mps.* Rouge
交雑親：*Mps.* Edmonds
　　　　× *Mps.* Hamburg
登録：1965年
登録者：Rod McLellan Co.
大輪で、丈夫なため栽培しやすい。写真は'カリフォルニア・プラム'('California Plum')で、花色は濃紫赤色に白色覆輪が入る。

ミルトニオプシス・セコンド・ラブ'ピーチ・メモリー'

◉ミルトニオプシス・セコンド・ラブ
学名：*Mps.* Second Love
交雑親：*Mps.* Dearest
　　　　× *Mps.* Mulatto Queen
登録：1991年　登録者：K. Inayoshi
大輪で、生育旺盛。写真は'ピーチ・メモリー'('Peach Memory')で、花色はピンク色。

オンシディウム属の野生種 *Oncidium*［略号：*Onc.*］

オンシディウム属は、熱帯・亜熱帯アメリカに300種以上が分布。属名 *Oncidium* は、古代ギリシア語で「こぶ」の意で、唇弁基部のいぼ状の肉質突起にちなむ。タイプ種は *Onc. altissimum*。

● オンシディウム・アレクサンドラエ
学名：*Onc. alexandrae*
異名：*Odontoglossum crispum, Odontoglossum alexandrae*

着生植物。コロンビアの標高2,000〜3,000mに分布。偽鱗茎は広卵形、長さ6〜10cm、2葉をつける。花茎は弓状、長さ50〜100cm、時に分枝し、8〜20花をつける。花は径6〜8cm、白色または淡桃色で、赤褐色の斑紋が入る。花期は秋〜冬。種形容語 *alexandrae* は、イギリス王妃のアレクサンドラ・オブ・デンマーク（Alexandra of Denmark）に因む。

オンシディウム・アレクサンドラエ
ロバート・ワーナー『オーキッド・アルバム』47図（1882）より

‖ **オーキッド・トリビア** ‖ 最も美しいランとして知られるオンシディウム・アレクサンドラエは、イギリス王立園芸協会から派遣されたプラントハンターのハートウェグ（K. T. Hartweg）によって1841年にコロンビアのアンデス山脈で発見され、1845年にイギリスの植物学者ジョン・リンドリー（J. Lindley）によってオドントグロッサム・クリスプムの名で新種として発表されている。しかし、最初に発見された生きた株は、イギリスに持ち帰ることはできなかった。初めてヨーロッパに生きた株が届いたのは1865年で、ベイトマン（J. Bateman）によってオドントグロッサム・クリスプムとは異種であると判断され、オドントグロッサム・アレクサンドラエの名で新種として発表されている。本種はヴィクトリア朝（1837〜1901年）において最も人気のあるランで、1株165ギニー（400万円以上）で取引された記録がある。

オンシディウム・アウラリウム

● オンシディウム・アウラリウム
学名：*Onc. aurarium*
着生植物。エクアドル〜ボリビアの標高600〜1,900mに分布。偽鱗茎は卵形、長さ8〜12cm、2葉をつける。花茎は2m以上に伸び、分枝し、多花をつける。花は径4〜5cmで、黄色地に褐色斑紋が入る。花期は冬〜春。種形容語 *aurarium* は、ラテン語で「黄金色の」の意で、花色に因む。

オンシディウム・ケイロフォルム

● オンシディウム・ケイロフォルム
学名：*Onc. cheirophorum*
着生植物。メキシコ〜コロンビアの標高1,000〜2,500mに分布。偽鱗茎は卵形〜長楕円状円筒形、長さ2〜2.5cm、1葉をつける。花茎は長さ15〜25cm、密に多花をつける。花は径約1.5cmで、有香、黄色。花期は冬。種形容語 *cheirophorum* は、古代ギリシア語で「手持ちの」の意。

オンシディウム・ハリアヌム

● オンシディウム・ハリアヌム
学名：*Onc. harryanum*
着生植物。コロンビア〜ペルーの標高1,700〜2,500mに分布。偽鱗茎は楕円状卵形、長さ6〜8cm、2葉をつける。花茎は長さ40〜50cm、4〜8花をつける。花は長さ8〜10cm、栗褐色地に黄色の縁と筋が入る。花期は夏〜秋。種形容語 *harryanum* は、イギリスの園芸家ハリー・ヴィーチ（Harry Veitch）への献名。

オンシディウム・レウコキルム

● オンシディウム・レウコキルム
学名：*Onc. leucochilum*
着生植物。メキシコ南東部〜ホンジュラスの標高2,000m付近に分布。偽鱗茎は卵形、長さ5〜13cm、1〜2葉をつける。花茎は長さ3m以上、分枝し、多花をつける。花は径約3.5cm、緑黄色地に濃紫褐色の斑紋が入る。唇弁は白色。花期は冬〜春。種形容語 *leucochilum* は、古代ギリシア語で「白色の

オンシディウム・ネツリアヌム
『カーティス・ボタニカル・マガジン』第122巻(1896)より

オンシディウム・オブロンガツム

オンシディウム・オブリザツム

● オンシディウム・ネツリアヌム
学名：*Onc. noezlianum*
異名：*Cochlioda noezliana*

着生植物。ペルー北部〜ボリビアの標高2,000〜3,500mに分布。偽鱗茎は卵形、長さ3〜5cm、1〜2葉をつける。花茎は弓状、長さ30〜40cm、多花をつける。花は径約3.5cm、朱赤色。唇弁はずい柱の先まで合わさっている。花期は秋。種形容語 *noezlianum* は、本種をヨーロッパに紹介したスイスのラン採集家ネツル(J. Noezl)への献名。赤色系を導入するための交雑親として重要である。

● オンシディウム・オブロンガツム
学名：*Onc. oblongatum*

着生植物。メキシコ南西部の標高2,100〜2,700mに分布。偽鱗茎は卵形、長さ6〜10cm、2葉をつける。花茎は長さ60〜140cm、分枝し、多花をつける。花は径約3cm。鮮黄色地に赤褐色の斑紋が入る。花期は秋。種形容語 *oblongatum* は、ラテン語で「長方形の」の意で、長く伸びる花茎に因む。

● オンシディウム・オブリザツム
学名：*Onc. obryzatum*

着生植物。パナマ〜ベネズエラ、ペルーの標高400〜1,600mに分布。偽鱗茎は卵状円錐形、長さ5〜10cm、1葉をつける。花茎は長さ50〜100m、分枝し、多花をつける。花は径2〜2.5cm、淡黄色地に栗褐色の斑紋が入る。花期は春。種形容語 *obryzatum* は、古代ギリシア語で「輝く黄金色の」の意で、花色に因む。

オンシディウム・プラニラブレ

オンシディウム・ロセオイデス

オンシディウム・シュローダリアヌム

オンシディウム・ソトアヌム

●オンシディウム・プラニラブレ
学名：*Onc. planilabre*
着生植物。エクアドル～ペルーの標高0～2,500mに分布。偽鱗茎は卵状楕円形、2葉をつける。花茎は弓状、長さ90～180cm、分枝し、多花をつける。花は径1.5～2cm、黄色地に栗褐色の斑紋が入る。花期は夏～秋。種形容語 *planilabre* は、ラテン語で「扁平な唇弁の」の意。

●オンシディウム・ロセオイデス
学名：*Onc. roseoides*
異名：*Onc. roseum, Cochlioda rosea*
着生植物。コロンビア～ペルーの標高1,500～2,200mに分布。偽鱗茎は長さ3～5cm、1～2葉をつける。花茎は長さ15～20cm、5～20花をつける。花は径3.5～4cm。花期は春～夏。種形容語 *roseoides* は、ラテン語で「バラ色様の」の意で、花色に因む。

●オンシディウム・シュローダリアヌム
学名：*Onc. schroederianum*
着生植物。コスタリカ～パナマ西部の標高900～1,400mに分布。偽鱗茎は楕円形、1～2葉をつける。花茎は約20cm、多花を密につける。花はろう質で径3.5cm、有香。花期は春～初秋。種形容語 *schroederianum* は、イギリスのラン愛好家シュローダー卿（J. H. Schröder）への献名。

●オンシディウム・ソトアヌム
学名：*Onc. sotoanum*
着生植物。メキシコ南部～中央アメリカの標高1,500m付近に分布。偽鱗茎は長さ4～6cm、2葉をつける。花茎は弓状～下垂、長さ約30cm、多花をつける。花は径2cm、淡紫～淡桃色、有香。花期は秋～冬。種形容語 *sotoanum* は、メキシコのラン愛好家ソト（M. A. Soto Arenas）への献名である。*Onc. ornithorhynchum* の名は誤用。

オンシディウム・スファケラツム

◉オンシディウム・スファケラツム
学名：*Onc. sphacelatum*
着生まれに岩生植物。メキシコ～中央アメリカ、ベネズエラ南東部の標高1,000mまでに分布。偽鱗茎は長楕円形、長さ10～15cm、2～3葉をつける。花茎は斜上し、長さ100～180cm、分枝し、多花をつける。花は径約3cm、黄色地に栗褐色の斑紋が入る。花期は冬～春。種形容語 *sphacelatum* は、ラテン語で「焦紋のある」の意で、花の斑紋に因む。

オンシディウム・バルカニクム

◉オンシディウム・バルカニクム
学名：*Onc. vulcanicum*
異名：*Cochlioda vulcanica*
着生植物。南アメリカの標高1,400～3,000mに分布。偽鱗茎は長さ約4.5cm、1～2葉をつける。花茎は長さ約30cm、まばらに5～15花をつける。花は径約3.5cm。萼片と側花弁は赤紫色。花期は秋～冬。種形容語 *vulcanicum* は、ラテン語で「火山の」の意で、生育地に因む。

オンシディウム・ワイアッティアヌム

◉オンシディウム・ワイアッティアヌム
学名：*Onc. wyattianum*
異名：*Odontoglossum wyattianum*
着生植物。ペルーの標高1,500～2,300mに分布。偽鱗茎は長さ約10cm、1～2葉をつける。花茎は長さ約25cm、5～10花をつける。花は径約8cm。萼片と側花弁は銅黄色。唇弁は白色、基部に赤紫色の斑点が密に入る。花期は冬～春。種形容語 *wyattianum* は、本種を最初に咲かせたワイアット（P. Wyatt）への献名。

オンシディウム属の人工交雑種 *Oncidium* ［略号：Onc.］

オンシディウム・チャールズワーシー

◉ **オンシディウム・チャールズワーシー**
学名：*Onc.* Charlesworthii（1910）
交雑親：*Onc. noezlianum*
　　　　× *Onc. incurvum*
登録：1910年
登録者：Charlesworth Ltd.
萼片と側花弁は鮮赤色で、片親オンシディウム・ネツリアヌム（115頁）の血をよく引き継いでいる。

‖ **オーキッド・トリビア** ‖ 近年のDNA情報を活用した分類学の発展により、ラン科植物の多くの属が統合、独立、移動され、人工交雑種の場合も従前は違った属であったものが同属となることで、命名時に考慮すべきことが起きている。例えば、オンシディウム・チャールズワーシー（Onc. Charlesworthii）は交雑親が異なる三つのグレックスが存在することになった。このような場合、下記のように登録年を付記することで区別している。*Onc.* Charlesworthii（1902）は、*Onc. harryanum* × *Onc. spectatissimum*による交雑種、*Onc.* Charlesworthii（1908）は、*Onc. noezlianum* × *Onc. harryanum*による交雑種として、グレックス形容語が同じ交雑種であっても登録年を付記することで区別できる。

オンシディウム・ビッグ・マック

◉ **オンシディウム・ビッグ・マック**
学名：*Onc.* Big Mac
交雑親：*Onc. maculatum* × *Onc. hallii*
登録：1975年　登録者：L. Kuhn
交雑親は両種ともに、萼片と側花弁に濃褐色の斑点が入り、その性質をよく引き継いでいる。

オンシディウム・クレオズ・プライド

◉ **オンシディウム・クレオズ・プライド**
学名：*Onc.* Cleo's Pride
交雑親：*Onc.* Cleopatra × *Onc.* Moir
登録：1982年　登録者：W. W. G. Moir
大きく入る濃紫褐色の斑紋は、交雑親の祖先種オンシディウム・レウコキルム（114頁）の血を引き継いでいる。花はろう質で、光沢がある。

オンシジウム・ラブリー・モーニング'サヤカ'

● オンシジウム・ラブリー・モーニング
学名：*Onc.* Lovely Morning
交雑親：*Onc.* Memtor × *Onc.* Carisette
登録：1991年　登録者：Mukoyama
大輪美花で、花色は交雑親の祖先種オンシジウム・ネツリアスム（115頁）の血を引き継いでいる。写真は優良個体'サヤカ'（'Sayaka'）で、萼片と側花弁は鮮紫紅色地に、周囲が白く縁取られた赤紫斑紋が入る。

オンシジウム・シャリー・ベイビー'スイート・フラグランス'

● オンシジウム・シャリー・ベイビー
学名：*Onc.* Sharry Baby
交雑親：*Onc.* Jamie Sutton
　　　　× *Onc.* Honolulu
登録：1983年　登録者：D. O'Flaherty
花からチョコレートのような甘い香りを放つ著名交雑種。写真は優良個体'スイート・フラグランス'（'Sweet Fragrance'）で、花茎は70cm以上に伸び、分枝して、多花をつける。萼片と側花弁は赤褐色で、唇弁の先は白色。花期は秋。

オンシジウム・トゥインクル'ピーチ・ファンタジー'

● オンシジウム・トゥインクル
学名：*Onc.* Twinkle
交雑親：*Onc. cheirophorum*
　　　　× *Onc. sotoanum*
登録：1958年　登録者：W. W. G. Moir
香りのある少輪の花を多数つける小型の交雑種。花色が多様で、多数の個体が知られる。写真は'ピーチ・ファンタジー'（'Peach Fantasy'）で、淡桃色花を多数つけ、甘酸っぱい香りを放つ。

プシコプシス属

Psychopsis［略号：*Pyp.*］

プシコプシス属は、コスタリカ〜熱帯アメリカ南部に4種が分布。属名 *Psychopsis* は、古代ギリシア語で「チョウ」と「似る」を意味する2語からなり、花形がチョウに似ることに因む。タイプ種は *Pyp. papilio*。

プシコプシス・クラメリアナ

● プシコプシス・クラメリアナ
学名：*Pyp. krameriana*
着生植物。コスタリカ〜スリナム、エクアドルの標高50〜1,300mに分布。偽鱗茎はほぼ球形、径1.5〜2cm、1葉をつける。葉は革質。花茎は長さ約75cm、数花をつけ、1花ずつ開花する。花は長さ約12cm。背萼片と側花弁は線状、赤褐色。花期は秋〜冬。種形容語 *krameriana* は、ラン採取家のドイツ人クラマー（C. Kramer）への献名。

プシコプシス・パピリオ

● プシコプシス・パピリオ
学名：*Pyp. papilio*
着生植物。トリニダード島〜熱帯アメリカ南部の標高500〜600mに分布。偽鱗茎は扁平な球茎、径3〜5cm、1葉をつける。葉は革質。花茎は長さ100cm以上、数花をつけ、1花ずつ開花する。花は長さ12〜15cm。上記種に似るが、背萼片と側花弁に赤銅色の斑が入る。花期は不定。種形容語 *papilio* は、ラテン語で「チョウ」の意で、花形に因む。

リンコステレ属

Rhynchostele［略号：*Rst.*］

リンコステレ属は、メキシコ〜ベネズエラ北西部に19種が分布。属名 *Rhynchostele* は、古代ギリシア語で「くちばし」と「ずい柱」を意味する2語からなり、くちばし状に突き出たずい柱の先端に因む。タイプ種は *Rst. pygmaea*。

● リンコステレ・コルダタ
学名：*Rst. cordata*
着生または地生植物。メキシコ〜ベネズエラ北東部の標高1,900〜3,000mに分布。偽鱗茎は長さ4〜9cm、1葉をつける。花茎は長さ30〜60cm、5〜12花をつける。花は黄色地に褐色斑が入り、径約5.5cm。花期は夏〜秋。種形容語 *cordata* は、ラテン語で「心臓形の」の意で、ずい柱の形態に因む。

リンコステレ・ロシイ

●リンコステレ・ロシイ
学名：*Rst. rossii*
着生植物。メキシコ～中央アメリカの標高2,000～3,000mに分布。偽鱗茎は長さ2～6cm、1葉をつける。花茎は長さ2～8cm、1～2花をつける。花は白色で基部に赤褐色の斑点が入り、径5～7cm。花期は春。種形容語 *rossii* は、本種を発見したロス（J. Ross）への献名。

ロドリゲシア属　　　*Rodriguezia*［略号：*Rdza.*］

ロドリゲシア属は、メキシコ南部～熱帯アメリカ南部に約50種が分布。属名 *Rodriguezia* は、スペインの植物学者ロドリゲス（M. Rodriguez）への献名。タイプ種は *Rdza. lanceolata*。

ロドリゲシア・ブラクテアタ

●ロドリゲシア・ブラクテアタ
学名：*Rdza. bracteata*　　異名：*Rdza. venusta*
着生植物。熱帯アメリカ南部の標高500～1,800mに分布。偽鱗茎は長さ約2.5cm、1葉をつける。花茎は長さ15～20cm、5～10花をつける。白色の花は有香、径2～2.5cm。唇弁基部は黄色。花期は秋。種形容語 *bracteata* は、ラテン語で「苞のある」の意で、偽鱗茎を包む葉状の苞に因む。

ロドリゲシア・デコラ

●ロドリゲシア・デコラ
学名：*Rdza. decora*
着生植物。ブラジル～アルゼンチンに分布。偽鱗茎は卵形、長さ約2.5cm、1葉をつける。花茎は長さ30～40cm、5～15花をつける。花は長さ3.5～4cm。萼片は筒状、白色地に褐色斑点が入り、唇弁は白色。花期は秋～冬。種形容語 *decora* は、ラテン語で「美しい」の意で、花に因む。

ロドリゲシア・ランケオラタ

●ロドリゲシア・ランケオラタ
学名：*Rdza. lanceolata*　　異名：*Rdza. secunda*
着生植物。セント・ビンセント島～熱帯アメリカ中部・南部の標高650～1,500mに分布。偽鱗茎は長さ2～3cm、1葉をつける。花茎は長さ15～40cm、多花をつける。花は桃赤色、径1～1.5cm。種形容語 *lanceolata* は、ラテン語で「披針形の」の意で、葉形に因む。

ロシオグロッサム属の野生種 *Rossioglossum* [略号：Ros.]

ロシオグロッサム属は、メキシコ～トバゴ島、南アメリカ西部に12種が分布。属名 *Rossioglossum* は、「ロス (J. Ross) の」と「舌」を意味する2語からなり、イギリスのラン収集家ロスへの献名と、唇弁の突起に因む。タイプ種は *Ros. grande*。

ロシオグロッサム・アンプリアツム

●ロシオグロッサム・アンプリアツム
学名：*Ros. ampliatum*
異名：*Oncidium ampliatum*

着生植物。中央アメリカ～ベネズエラ、ペルーの標高0～1,000mに分布。偽鱗茎は扁平な円形、長さ6～12cm、1～2葉をつける。花茎は長さ50～100cm、分枝し、多花をつける。花は黄色地に褐色斑点が入り、径2～2.5cm。花期は春。種形容語 *ampliatum* は、ラテン語で「広い」の意で、大きく扁平な偽鱗茎に因む。

ロシオグロッサム・グランデ

●ロシオグロッサム・グランデ
学名：*Ros. grande*
異名：*Odontoglossum grande*

着生植物。メキシコ～中央アメリカの標高1,400～2,700mに分布。偽鱗茎は扁平な卵形、長さ4～10cm、1～3葉をつける。花茎は長さ25～35cm、3～8花をつける。花は径10～15cmで、黄色地に赤褐色の斑紋が入る。唇弁中心部にあるカルスには歯状突起が1対ある。花期は秋～春。種形容語 *grande* は、ラテン語で「偉大な」の意で、花の立派さに因む。

ロシオグロッサム属の人工交雑種 *Rossioglossum* [略号：Ros.]

ロシオグロッサム・ロードン・ジェスター

●ロシオグロッサム・ロードン・ジェスター
学名：*Ros. Rawdon Jester*
交雑親：*Ros. grande* × *Ros. williamsianum*
登録：1983年　登録者：Mansell & Hatcher

野生種どうしの交雑種。株は比較的コンパクトだが、花径が15cmにもなり、10花以上つくこともある。花期は冬～秋。

トリコピリア属

Trichopilia [略号：Trpla.]

トリコピリア属は、メキシコ～熱帯アメリカに40数種が分布。属名 *Trichopilia* は、古代ギリシア語で「毛」と「フェルト帽」を意味する2語からなり、ずい柱の先端に毛の房があることに因む。タイプ種は *Trpla. tortilis*。

トリコピリア・フラグランス

●トリコピリア・フラグランス
学名：*Trpla. fragrans*

着生植物。キューバ～イスパニョーラ島、熱帯アメリカ南部の標高1,200～2,800mに分布。偽鱗茎は長さ8～12cm、1葉をつける。花茎は下垂または弓状、長さ20～30cm、2～5花をつける。花は白色、長さ約5cm。花期は秋～冬。種形容語 *fragrans* は、ラテン語で「芳香のある」の意で、花に芳香があることに因む。

トリコピリア・スアビス'スギヤマ #2'

●トリコピリア・スアビス
学名：*Trpla. suavis*

着生植物。中央アメリカ～コロンビアの標高1,000～1,700mに分布。偽鱗茎は長さ3～9cm、1葉をつける。花茎は弓状または下垂し、長さ2～4cm、2～5花をつける。花は径9～11cm、白色地に桃赤色の斑点が入る。花期は春。種形容語 *suavis* は、ラテン語で「快い」の意で、花に芳香があることに因む。写真は'スギヤマ #2'('Sugiyama #2')

ゼレンコア属

Zelenkoa [略号：Zel.]

ゼレンコア属はパナマ～ペルーに1種が分布する単型属。属名 *Zelenkoa* は、植物画家、著述家のゼレンコ（H. Zelenko）への献名。

●ゼレンコア・オヌスタ
学名：*Zel. onusta*
異名：*Oncidium onustum*

着生植物。パナマ～ペルーの標高25～1,200mに分布。偽鱗茎は長さ2～4cm、1～2葉をつける。花茎は長さ40～60cm、密に多花をつけ、開花期間は長い。花は黄色で、径2.5～3cm。花期は秋。種形容語 *onusta* は、ラテン語で「贅沢な」の意で、おそらく開花期間が長く、多花を咲かせることに因む。

トリコケントルム属 *Trichocentrum* [略号：Trt.]

トリコケントルム属は、フロリダ州南部、メキシコ〜熱帯アメリカに約70種が分布。属名 *Trichocentrum* は、古代ギリシア語で「毛」と「距」を意味する2語からなり、長い距に因む。タイプ種は *Trt. pulchrum*。

トリコケントルム・ケボレタ

●トリコケントルム・ケボレタ
学名：*Trt. cebolleta*

着生植物。コロンビア〜ベネズエラの標高150〜1,700mに分布。偽鱗茎は長さ1.5cm、1葉をつける。葉は棒状、長さ7〜40cm、肉厚。花茎は長さ約75cm、多花をつける。花は黄色地に赤褐色の斑紋が入り、径2〜3.5cm。花期は春。種形容語 *cebolleta* は、スペイン語で「タマネギの葉のような」の意で、葉の形態に因む。メキシコ北部のタラウマラ族が使用する幻覚性アルカロイドのメスカリンが含まれている。

トリコケントルム・ランセアヌム

●トリコケントルム・ランセアヌム
学名：*Trt. lanceanum*

着生植物。トリニダード島〜熱帯アメリカ南部の標高300〜500mに分布。偽鱗茎は極小さく、1葉をつける。葉は革質、長さ20〜40cm。花茎は長さ20〜30cm、分枝し、多花をつける。花は芳香があり、黄色地に褐紫色の斑点が入り、径5〜6cm。花期は夏。種形容語 *lanceanum* は、イギリスのラン愛好家ランス（J. H. Lance）への献名。

トリコケントルム・スプレンディドゥム

●トリコケントルム・スプレンディドゥム
学名：*Trt. splendidum*

着生植物。中央アメリカの標高800〜900mに分布。偽鱗茎はほぼ球形、長さ4〜5cm、1葉をつける。葉は硬い革質、長さ15〜30cm。花茎は直立し、長さ約1m、上部に多花をつける。花は長さ約7cm。萼片と側花弁は鮮黄色地に赤褐色の斑点が入る。花期は春。種形容語 *splendidum* は、ラテン語で「素晴らしい」の意で、花の特徴に因む。

❖オンシディウム類の人工属

アリケアラ属
× *Aliceara* [略号：*Alcra.*]

アリケアラ属は、3属間交雑（*Brassia* × *Miltonia* × *Oncidium*）により作出された人工属。

アリケアラ・ドナルド・ハリデー'スマイル・エリ'

● アリケアラ・ドナルド・ハリデー
学名：*Alcra.* Donald Halliday
交雑親：*Alcra.* Tahoma Glacier
　　　　× *Onc.* Richard Waugh
登録：2012年　登録者：D. Halliday
交雑親の祖先種ブラシア・バルコサ（101頁）の血を引き継ぎ、耐暑性がある。写真は'スマイル・エリ'（'Smile Eri'）。

アリケアラ・ユーロスター'シライ'

● アリケアラ・ユーロスター
学名：*Alcra.* Eurostar
交雑親：*Alcra.* Tahoma Glacier
　　　　× *Onc. schroederianum*
登録：2000年　登録者：D. Lambrecht
花には芳香がある。写真は'シライ'（'Shirai'）で、赤褐色の大きな斑紋が印象的。

ブッラシディウム属
× *Brassidium* [略号：*Brsdm.*]

ブッラシディウム属は、2属間交雑（*Brassia* × *Oncidium*）により作出された人工属。

● ブッラシディウム・ペイガン・ラブソング
学名：*Brsdm.* Pagan Lovesong
交雑親：*Onc.* Tiger Butter
　　　　× *Brs. verrucosa*
登録：1978年
登録者：Rod McLellan Co.
草姿はオンシディウム属に似るが、大型になる。花茎は直立し、長さ70～100cm、多花をつける。花は緑黄色地に黒褐色の斑紋が入り、径約15cm。

イオンメサ属

×*Ionmesa*［略号：*Ims.*］

イオンメサ属は、2属間交雑（*Gomesa*×*Ionopsis*）により作出された人工属。

'ハルリ'

◉ イオンメサ・ポップコーン
学名：*Ims.* Popcorn
交雑親：*Gom. flexuosa*
　　　　×*Inps. utricularioides*
登録：2001年　登録者：Singapore BG

片親のイオノプシス・ウトリクラリオイデス（107頁）の特徴をよく引き継いでいる。写真は'ハルリ'（'Haruri'）で、咲き始めの花色は黄色味を帯び、次第に写真のようなピンク色になる。

レオメセジア属

×*Leomesezia*［略号：*Lsz.*］

レオメセジア属は、3属間交雑（*Gomesa*×*Leochilus*×*Rodriguezia*）により作出された人工属。

◉ レオメセジア・ラバ・バースト
学名：*Lsz.* Lava Burst
交雑親：*Lsz.* Mini-Primi
　　　　×*Rdza. lanceolata*
登録：1993年　登録者：Puanani

ロドリゲシア・ランケオラタ（121頁）の血を引き継ぎ、花色は濃赤色。グレックス形容語 Lava Burst は、「溶岩の噴出」の意で、花色に因む。

オンシドプシス属

×*Oncidopsis*［略号：*Oip.*］

オンシドプシス属は、2属間交雑（*Miltoniopsis*×*Oncidium*）により作出された人工属。

'ルージュ・マジック'

◉ オンシドプシス・エンザン・ファンタジー
学名：*Oip.* Enzan Fantasy
交雑親：*Oip.* Cambria
　　　　×*Onc.* Florence Love
登録：2005年　登録者：Mukoyama

交雑親の祖先種オンシディウム・アレクサンドラエ（113頁）とオンシディウム・ネツリアスム（115頁）の特徴をよく引き継いでいる。写真は'ルージュ・マジック'（'Rouge Magic'）。

オンシデサ属

×*Oncidesa*〔略号：*Oncsa.*〕

オンシデサ属は、2属間交雑(*Gomesa*×*Oncidium*)により作出された人工属。

オンシデサ・アロハ・イワナガ

● **オンシデサ・アロハ・イワナガ**
学名：*Oncsa.* Aloha Iwanaga
交雑親：*Oncsa.* Goldiana
　　　　×*Gom.* Star Wars
登録：1990年　登録者：M. Sato
交雑親の祖先種ゴメサ・バリコサ(*Gomesa varicosa*)の形質をよく引き継いでいる。花茎は長さ60cmほどで、分枝し、多花をつける。花持ちがよく、よく栽培される。

オンシデサ・スイート・シュガー'ミリオン・ダラー'

● **オンシデサ・スイート・シュガー**
学名：*Oncsa.* Sweet Sugar
交雑親：*Oncsa.* Aloha Iwanaga
　　　　×*Gom. varicosa*
登録：1990年　登録者：M.Sato
上記交雑種に祖先種ゴメサ・バリコサを戻し交配したもので、コンパクトに仕上がる。写真は'ミリオン・ダラー'('Million Dollar')。

オンコステレ属

×*Oncostele*〔略号：*Ons.*〕

オンコステレ属は、2属間交雑(*Oncidium*×*Rhynchostele*)により作出された人工属。

'カルメラ'

● **オンコステレ・ワイルドキャット**
学名：*Ons.* Wildcat
交雑親：*Ons.* Rustic Bridge
　　　　×*Onc.* Crowborough (1965)
登録：1992年
登録者：Rod McLellan Co.
写真は'カルメラ'('Carmela')で、萼片と側花弁は黄緑色地に褐色の斑紋が入る。唇弁は白色地に赤褐色の斑紋が入る。花茎は直立し、長さ60cm以上、多花をつける。耐暑性があり、丈夫で栽培しやすい。

❖ セッコク亜科・シュンラン連・コエリオプシス亜連

ペリステリア属　　　　　　*Peristeria* [略号：Per.]

ペリステリア属は、中央および熱帯アメリカ〜トリニダード島に13種が分布。属名 *Peristeria* は、古代ギリシア語で「ハト」の意で、唇弁の側裂片とずい柱の形態がハトに似ることに因む。英名は dove orchids（ハトラン）。タイプ種は *Per. elata*。

◉ ペリステリア・エラタ
学名：*Per. elata*　　英名：dove orchid, holy ghost orchid

地生または岩生植物。中央アメリカ〜ベネズエラ、エクアドルの標高100〜700mに分布。偽鱗茎は卵形または円錐形、長さ4〜15cm、3〜5葉をつける。葉はひだがあり、長さ30〜120cmと大きい。花茎は長さ80〜170cm、10〜15花をつけ、順次開花する。花は径4〜5cm、白色、肉厚、ろう質で、特徴的な強い香りを放つ。種形容語 *elata* は、ラテン語で「背の高い」の意。

左／『カーティス・ボタニカル・マガジン』第58巻（1831）より
下／花のアップ

‖オーキッド・トリビア‖ ペリステリア・エラタは、パナマの国花として知られる。強い香りを放つ花の中央を見つめると、誰もがあっと声を上げるだろう。側花弁と萼片に包まれるようにして、まさしく白いハトが座っているように見える。唇弁の側花弁が立ち上がって羽ばたく羽のようで、ずい柱には嘴状の突起があり、英名の dove orchid の由来となっている。自生地の人々は、このランが大理石の墓所においでになる三位一体の精霊の象徴と信じ、holy ghost orchid（精霊のラン）と呼ぶ。自生地では絶滅危惧種となりワシントン条約附属書Iに指定されている。

❖セッコク亜科・シュンラン連・スタンホペア亜連

アキネタ属 　　　　　　　　　　　　　　　　　　　　　*Acineta*［略号：*Acn.*］

アキネタ属は、メキシコ〜南アメリカ西部に14〜15種が分布。属名 *Acineta* は、古代ギリシア語で「動かない」の意で、唇弁が硬直で、関節がなく動かないことに因む。タイプ種は *Acn. superba*。

アキネタ・スペルバ
『カーティス・ボタニカル・マガジン』第71巻（1845）より

◉ **アキネタ・スペルバ**
学名：*Acn. superba*
着生植物。南アメリカ北部・西部の標高800〜2,000mに分布。偽鱗茎は長さ7〜10cm、2〜3葉をつける。花茎は下垂し、多花をつける。花は肉厚、ろう質で、淡黄色地に赤褐色斑点が入り、径約5cm、強い芳香を放つ。花期は春。種形容語 *superba* は、ラテン語で「華美な」の意で、花の美しさに因む。

アキネタ・クリサンタ

◉ **アキネタ・クリサンタ**
学名：*Acn. chrysantha*
着生植物。メキシコ南東部〜中央アメリカの標高1,300m付近に分布。偽鱗は長さ8〜10cm、3〜4葉をつける。花茎は下垂し、長さ40〜70cm、密に多花をつける。花は肉厚で、黄色、径約5cm、有香。花期は春。種形容語 *chrysantha* は、古代ギリシア語で「黄花の」の意で、花色に因む。

キラエア属 　　　　　　　　　　　　　　　　　　　　　*Cirrhaea*［略号：*Cra.*］

キラエア属は、ブラジル東部・南部に7種が分布。属名 *Cirrhaea* は、古代ギリシア語で「巻きひげ」の意で、ずい柱の嘴状体が巻きひげ状に伸びることに因む。タイプ種は *Cra. dependens*。

◉ **キラエア・デペンデンス**
学名：*Cra. dependens*
着生植物。ブラジルに分布。偽鱗茎は長さ5〜8cm、1葉をつける。花茎は下垂し、密に多花をつける。花はろう質、径3〜4cm、有香。花色は淡き緑色〜赤褐色地に、赤褐色または橙赤色の横縞が入る。花期は夏。種形容語 *dependens* は、ラテン語で「下垂した」の意で、下垂する花茎に因む。

コリアンテス属

Coryanthes [略号：Crths.]

コリアンテス属は、メキシコ〜中央および熱帯アメリカ南部に約60種が分布。属名 *Coryanthes* は、古代ギリシア語で「ヘルメット」と「花」を意味する2語からなり、唇弁の形状に因む。英名は bucket orchids（バケツラン）。タイプ種は *Crths. maculata*。

コリアンテス・レウココリス

● コリアンテス・レウココリス
学名：*Crths. leucocorys*
着生植物。コロンビア〜ペルーの標高0〜1,600mに分布。偽鱗茎は卵形〜長楕円状卵形、長さ6〜7cm、2葉をつける。花茎は下垂し、1〜2花をつけ、下向きに咲く。ミントに似た強い香りを放つ。唇弁は複雑な形態で、基部には半球状のヒポキル、中間には突起のあるメソキル、先端のバケツ状のエピキルに分かれる。花期は晩夏〜秋。種形容語 *leucocorys* は、古代ギリシア語で「白いヘルメットの」の意で、唇弁の特徴に因む。

コリアンテス・ベルコリネアタ

● コリアンテス・ベルコリネアタ
学名：*Crths. verrucolineata*
着生植物。ペルーの低地に分布。偽鱗茎は卵形で、2〜3葉をつける。花茎は下垂し、1〜4花をつける。花は径約8cmで、芳香を放つ。花期は夏〜初秋。種形容語 *verrucolineata* は、ラテン語で「線状のイボの」の意で、メソキルの突起に因む。

‖ **オーキッド・トリビア** ‖ コリアンテス属は特異な形態と生態をもつランとして知られる。上記のような唇弁の特異な構造は、花粉媒介するミドリシタバチの仲間（以下、シタバチ）を利用するための巧みな罠となっている。シタバチの雄はランから放たれる香りに引き寄せられ、バケツ状のエピキルに落ち込む。バケツの底にはエピキル上方にある二つの分泌腺から滴り落ちる液が6mmほど溜まっており、シタバチは翅が濡れて飛び立つことができない。唯一の脱出通路は花の背面の狭い出口のみで、通り抜ける際に花粉塊が背中に付くことになる。同じように別の花を訪れることで、受粉が完了する。花の寿命は2〜3日と短く、萼片と側花弁は薄く、開花が完了した頃には既にしおれ始めている。また、アリの巣がある場所で生育するアリ植物としても知られる。アリはコリアンテス属から花蜜を得て、コリアンテス属はアリによって外敵から守られ、排泄物から肥料分も得ていることが知られ、共生関係を築いている。

ゴンゴラ属

Gongora［略号：*Gga.*］

ゴンゴラ属は、メキシコ〜熱帯アメリカ南部に約70種が分布。属名 *Gongora* は、ニューグラナダ（現在のコロンビア）の総督で植物探検の後援者でもあったスペイン人、ゴンゴラ（A. C. y Góngora）への献名。タイプ種は *Gga. quinquenervis*。

ゴンゴラ・ガレアタ

●**ゴンゴラ・ガレアタ**
学名：*Gga. galeata*
着生まれに岩生、地生植物。メキシコからグアテマラの標高600〜1,800mに分布。偽鱗茎は卵形または洋ナシ形、長さ4〜6cm、1〜2葉をつける。花茎は下垂し、長さ15〜25cm、5〜15花をつける。花は径4〜5cm、褐黄色または黄緑色、有香。凹形唇弁はヘルメット状。花期は夏〜初秋。種形容語 *galeata* は、ラテン語で「ヘルメット形の」の意で、唇弁の形態に因む。

ゴンゴラ・クインクエネルビス

●**ゴンゴラ・クインクエネルビス**
学名：*Gga. quinquenervis*
着生植物。コロンビア〜ペルー、ブラジルの標高1,400mまでに分布。偽鱗茎は長さ4〜8cm、2〜3葉をつける。花茎は下垂し、長さ60〜90cm、まばらに15〜20花をつける。花には甘い芳香があり、長さ約5cm、黄色地に赤褐色の細かい斑点が入る。側花弁がずい柱の側方と合着する。唇弁の側裂片は角状となる。花期は春〜夏。種形容語 *quinquenervis* は、ラテン語で「5本の線」の意。唇弁基部から分泌された液に引き寄せられたシタバチの仲間は、唇弁に止まり、滑って落ちると花粉塊が付着する。

ゴンゴラ・ルフェスケンス

●**ゴンゴラ・ルフェスケンス**
学名：*Gga. rufescens*
着生植物。コロンビア南部〜エクアドル、ボリビアの標高800〜1,800mに分布。偽鱗茎は長さ6〜7cm、2〜3葉をつける。花は淡黄色地に赤褐色の斑が入り、径約6cm。花茎は下垂し、長さ約50cm、多花をつける。種形容語 *rufescens* は、ラテン語で「やや赤い」の意で、花色に因む。

スタンホペア属の野生種 *Stanhopea* [略号：Stan.]

スタンホペア属は、メキシコ～熱帯アメリカ南部に60数種が分布。属名 *Stanhopea* は、ロンドンの医学植物学協会の会長を務めたスタンホープ伯爵（P. H. Stanhope）への献名。タイプ種は *Stan. insignis*。

● スタンホペア・ティグリナ
学名：*Stan. tigrina*

着生植物。メキシコの標高600～1,700mに分布。偽鱗茎は卵形、長さ4～6cm、1葉をつける。花茎は下垂し、長さ6～15cm、2～4花をつける。花は大きく径約20cmに達し、黄色地に紫紅色の斑紋が入り、短命で肉厚、強い香りがある。唇弁は複雑な形態で、基部はほぼ球形のヒポキル、中間は2個の角状突起があるメソキル、先端は卵形のエピキルに分かれる。花期は夏。種形容語 *tigrina* は、ラテン語で「トラのような斑紋」の意で、花の斑紋に因む。

花のアップ

ジェームズ・ベイトマン
『メキシコとグアテマラのラン』第7図（1837）より

‖オーキッド・トリビア‖ スタンホペア属の唇弁も複雑な構造をしている。唇弁の奥から芳香性油分を放ち、シタバチの仲間の雄（以下、シタバチ雄）を引き寄せる。シタバチ雄は油分から雌バチを誘う性フェロモンを作るため、唇弁の内部に入り込み、内側の壁を登ると香りに酔って滑り落ち、背中に花粉塊がつくことになる。別の花でも同様の行動をすることで、受粉が完了する。

スタンホペア・イェニシアナ

● スタンホペア・イェニシアナ
学名：*Stan. jenischiana*
着生ときに地生植物。コロンビア〜ベネズエラ北西部、エクアドル南部の標高800〜1,500mに分布。偽鱗茎は長さ約7cm、1葉をつける。花茎は下垂し、5〜7花をつける。花は黄橙色地に赤褐色の斑点が入り、径約15cm、有香。側花弁は薄く、開花すると後方に反り返り、翌日にはしおれる。花期は冬〜初夏。種形容語 *jenischiana* は、ドイツのラン愛好家イェニシュ（Jenisch）への献名。

スタンホペア・ウォーディイ

● スタンホペア・ウォーディイ
学名：*Stan. wardii*
着生または岩生植物。ニカラグア〜ベネズエラの標高800〜2,700mに分布。偽鱗茎は卵形、長さ5〜7cm、1葉をつける。花茎は下垂し、長さ約10cm、3〜9花をつける。花は径約12cm、淡黄色地に紫紅色の斑点が入り、強い芳香を放つ。唇弁のヒポキルは肉厚で、ふつう両側に光沢のある黒斑が入り、よく目立つ。花期は夏〜秋。種形容語 *wardii* は、イギリスのラン愛好家、採集家で、本種をベネズエラで発見したのウォード（E. Ward）への献名。

スタンホペア属の人工交雑種　*Stanhopea* [略号：*Stan.*]

'マージーズ・プライド'

● スタンホペア・アッシデンシス
学名：*Stan.* Assidensis
交雑親：*Stan. tigrina* × *Stan. wardii*
登録：1922年　登録者：H. Goldschmidt
スタンホペア属の代表種を両交雑親としたもので、両種の特徴がよく引き継がれている。多くの優良個体が知られる。写真は'マージーズ・プライド'（'Marge's Pride'）。

❖セッコク亜科・シュンラン連・ジゴペタルム亜連

ハントリア属
Huntleya［略号：*Hya.*］

ハントリア属は、中央および熱帯アメリカ～トリニダード島に14～17種が分布。属名*Huntleya*は、イギリスのラン愛好家ハントリー（J. T. Huntley）への献名。タイプ種は*Hya. meleagris*。

ジョン・リンドリー（編）
『エドワーズのボタニカル・レジスター』
第25巻（1839）より。
新種として発表された原記載の図版

● ハントリア・メレアグリス
学名：*Hya. meleagris*
着生植物。トリニダード島～熱帯アメリカ南部の標高600～1,300mに分布。偽鱗茎はなく、葉が扇状に7～10枚つく。花茎は直立し、長さ約15cm、1花をつける。花は径7～10cm、肉厚、ろう質で、芳香があり、同心状に斑紋が入る。花期は夏～秋。種形容語*meleagris*は、古代ギリシア語で「ホロホロ鳥のような斑点の」の意で、花の斑紋に因む。

ケフェルシュタイニア属
Kefersteinia［略号：*Kefst.*］

ケフェルシュタイニア属は、メキシコ南部～南アメリカ北部・西部に約70種が分布。属名*Kefersteinia*は、ドイツのラン愛好家ケーファーシュタイン（Keferstein）への献名。タイプ種は*Kefst. graminea*。

● ケフェルシュタイニア・グラミネア
学名：*Kefst. graminea*
着生植物。コロンビア～ベネズエラ北部に分布。葉は2～4枚つける。花茎は長さ約4cm、1花をつける。花は径約3cm、淡緑色地に栗色の斑点が入る。花期は夏。種形容語*graminea*は、ラテン語で「イネ科のような」の意で、葉形に因む。

パブスティア属 *Pabstia* [略号：*Pab.*]

パブスティア属は、ブラジル南部・南東部に5種が分布。属名 *Pabstia* は、ブラジルのラン研究家パブスト（G. Pabst）への献名。タイプ種は *Pab. viridis*。

● パブスティア・ユゴサ　学名：*Pab. jugosa*
着生植物。ブラジルの固有種で、標高700m以下に分布。偽鱗茎はやや扁平な卵形で、2葉をつける。花茎は長さ10〜20cm、まばらに2〜4花をつける。花は象牙色地に紫斑点が入り、径5〜6cm、強い芳香を放つ。花期はふつう夏。種形容語 *jugosa* は、ラテン語で「サドル形の」の意。

ペスカトリア属 *Pescatoria* [略号：*Pes.*]

ペスカトリア属は、コスタリカ〜エクアドルに24種が分布。属名 *Pescatoria* は、フランス人のラン愛好家ペスカトーレ（J. P. Pescator）への献名。タイプ種は、*Pes. cerina*。

● ペスカトリア・ケリナ　学名：*Pes. cerina*
着生植物。コスタリカ〜コロンビア北西部の標高800〜3,000mに分布。偽鱗茎はなく、数枚の葉がつく。花茎は長さ4〜10cm、1花をつける。花は径約6cm、ろう質で芳香がある。萼片と側花弁は白色、唇弁は黄色地に赤褐色の条線が入る。花期は秋。種形容語 *cerina* は、ラテン語で「ろう質の」の意で、花がろう質であることに因む。

プロメナエア属の人工交雑種 *Promenaea* [略号：*Prom.*]

プロメナエア属は、ブラジル東部および南部に16〜18種が分布。属名 *Promenaea* は古代ギリシアの巫女のプロメネイア（Promeneia）に因む。タイプ種は *Prom. lentiginosa*。

● プロメナエア・クローシェイアナ
学名：*Prom. Crawshayana*
交雑親：*Prom. stapelioides* × *Prom. xanthina*
登録：1905年　登録者：Crawshay
花は径約4cm。萼片は緑黄色、側花弁は緑黄色地に赤色斑点が入る。唇弁は黄色地に濃赤褐色の斑点が入る。花期は春。

ワーセウィッチエラ属

Warczewiczella［略号：*W.*］

ワーセウィッチエラ属は、中央および熱帯アメリカ南部に11種が分布。属名 *Warczewiczella* は、ポーランドの植物学者ワルセウィッツ（J. Warszewicz）への献名。新属設立時に、記載者が「s」を「c」に間違えた。タイプ種は *W. discolor*。

● ワーセウィッチエラ・ディスコロル
学名：*W. discolor*
異名：*Cochleanthes discolor*

着生植物。中央アメリカ〜ベネズエラ北部、ペルーの標高700〜1,850mに分布。偽鱗茎はなく、4〜5枚の葉が2列について扇状になる。花茎は長さ約10cm、1花をつける。花径は5〜6cm。花色は多様で、変異に富んでいる。萼片は淡緑黄色。唇弁は筒状で、濃青紫色〜赤桃色。花期は晩春〜秋。種形容語 *discolor* は、ラテン語で「異なった色の」の意で、花色の特徴に因む。

ジゴペタルム属の野生種

Zygopetalum［略号：Z.］

ジゴペタルム属はペルー〜ブラジル、アルゼンチン北東部に6種が分布。属名 *Zygopetalum* は、古代ギリシア語で「くびき」と「花弁」を意味する2語からなり、唇弁の基部の環状突起をくびきに見立てたことに因む。タイプ種は *Z. maculatum*。

● ジゴペタルム・マクラツム・マクラツム
学名：*Z. maculatum* subsp. *maculatum*　　異名：*Z. intermedium, Z. mackayi*

着生植物。ペルー北部〜ブラジルの標高1,100m付近に分布。偽鱗茎は卵状円錐形、長さ4〜7cm、3〜5葉をつける。花茎は直立または斜上し、長さ40〜90cm、5〜15花をつける。花は径7〜8cm、強い芳香を放つ。萼片と側花弁はほぼ同形で、緑色地に赤紫の斑点が入る。唇弁は白色地に、紫色の筋が入る。花期は初冬。花の寿命は約1か月と長い。種形容語 *maculatum* は、ラテン語で「斑点がある」の意で、花の斑点に因む。

❖セッコク亜科・シュンラン連・ジゴペタルム亜連　❖ジゴペタルム類の人工属

ジゴペタルム属の人工交雑種　*Zygopetalum*［略号：*Z.*］

◉ ジゴペタルム・アルトゥール・エル
学名：*Z.* Artur Elle
交雑親：*Z.* Blackii × *Z.* B. G. White
登録：1969年
登録者：Wichmann Orch.
写真は優良個体の'タンザナイト'('Tanzanite')。丸みのある花で、芳香を放つ。萼片と側花弁は黒褐色、緑色の覆輪が入る。花期は春〜夏。

ジゴペタルム・アルトゥール・エル'タンザナイト'

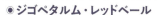

◉ ジゴペタルム・レッドベール
学名：*Z.* Redvale
交雑親：*Z.* Titanic × *Z.* Artur Elle
登録：1991年　登録者：R.Tucker
写真は優良個体の'プリティー・アン'('Pretty Ann')。花は肉厚で、丸みを帯び、強い芳香を放つ。萼片と側花弁は黒褐色、緑色の覆輪が入る。唇弁は濃紫色。花期は冬〜春。

ジゴペタルム・レッドベール'プリティー・アン'

ジゴニシア属　×*Zygonisia*［略号：*Zns.*］

ジゴニシア属は、2属間交雑（*Aganisia* × *Zygopetalum*）により作出された人工属。

◉ ジゴニシア・紫小町
学名：*Zns.* Murasakikomachi
交雑親：*Zns.* Roquebrune
　　　　× *Aganisia cyanea*
登録：2004年　登録者：Kimbara
ジゴペタルム属に比べると、花色も芳香も控えめで、グレックス形容語の紫小町のイメージにふさわしい。花径は約5cm。花期は春。

137

❖セッコク亜科・エピデンドルム連・プレティア亜連

キシス属の野生種
Chysis [略号：*Chy.*]

キシス属は、メキシコ〜ペルーに10種以上が分布。属名 *Chysis* は、古代ギリシア語で「融解」の意で、タイプ種の各花粉塊が融合して一塊のように見えることに因む。タイプ種は *Chy. aurea*。

●キシス・ブラクテスケンス　学名：*Chy. bractescens*

着生ときに岩生植物。メキシコ中部〜中央アメリカの標高800〜1,500mに分布。偽鱗茎は紡錘形、大きく長さ30cmになる。花茎は下垂または弓状、長さ30cm、4〜8花をつける。花は径7〜8cm、ろう質で芳香を放つ。萼片と側花弁は象牙白色。唇弁は黄色。花期は夏。種形容語 *bractescens* は、ラテン語で「苞葉のある」の意で、花の基部にある苞が大きいことに因む。

唇弁基部の中央に乳児の歯を思わせる隆起線があることから、英名は baby orchid (赤ちゃんラン)

キシス属の人工交雑種
Chysis [略号：*Chy.*]

●キシス・ラングレイエンシス
学名：*Chy. Langleyensis*
交雑親：*Chy. bractescens* × *Chy. Chelsonii*
登録：1896年　登録者：Veitch
写真は'ピンク・ファンタジー'('Pink Fantasy')で、萼片と側花弁の先端、唇弁部が鮮やかなピンク色となる美花。

'ピンク・ファンタジー'

❖セッコク亜科・エピデンドルム連・ホテイラン亜連

コエリア属

Coelia [略号：Coe.]

コエリア属はメキシコ〜中央アメリカ、カリブ諸島に5種が分布。属名 *Coelia* は、古代ギリシア語で「凹状の」の意で、花粉塊の形状に因むが、実際には凸状であるのを誤って命名された。タイプ種は Coe. triptera。

ロバート・ワーナー『オーキッド・アルバム』図版51（1883）より

● コエリア・ベラ　学名：*Coe. bella*
異名：*Bothriochilus bellus*

地生または岩生ときに着生植物。メキシコ南東部〜中央アメリカの標高500〜1,500mに分布。偽鱗茎は光沢のある卵形、長さ3〜5cm、3葉をつける。花茎は長さ15cm、数花をつける。花は長さ約5cm、甘い芳香を放つ。萼片と側花弁は黄白色で、先端は桃紫色。花期は冬。種形容語 *bella* はラテン語で「美しい」の意で、美花に因む。

サイハイラン属

Cremastra [略号：Cre.]

サイハイラン属は、極東ロシア〜インドシナに7種が分布。属名 *Cremastra* は、古代ギリシア語で「ハンドル」の意で、子房に長い柄があることに因む。タイプ種は Cre. appendiculata。

● サイハイラン
学名：*Cre. appendiculata*

地生植物。中央ヒマラヤ〜サハリン南部、温帯東アジアの標高1,300〜2,300mに分布。偽鱗茎は長さ約2cm、1葉をつける。花茎は長さ20〜40cm、多花をつける。花は半開性、有香、長さ約3cm。花期は初夏。種形容語 *appendiculata* はラテン語で「付属体を持つ」の意で、唇弁のいぼ状突起に因む。和名は下向きに咲く花が采配（さいはい）に似ることに因む。

❖セッコク亜科・エピデンドルム連・レリア亜連

アルポフィルム属

Arpophyllum [略号：*Arpo.*]

アルポフィルム属は、メキシコ～ベネズエラ、ジャマイカに3～5種が分布。属名 *Arpophyllum* は、古代ギリシア語で「鎌」と「葉」を意味する2語からなり、葉形に因む。タイプ種は *Arpo. spicatum*。

● アルポフィルム・ギガンテウム
学名：*Arpo. giganteum*
着生まれに地生植物。メキシコ～ベネズエラ北西部、ジャマイカの標高800～1,500mに分布。棒状の匍匐茎は分枝し、直立して1葉をつける。葉は線形で、肉厚の革質、先まで二つ折れとなる。花茎は直立し、長さ30～40cm、多花を密につける。花は径0.8cm、桃紫色。花期は春。種形容語 *giganteum* は、古代ラテン語で「巨大な」の意。

花のアップ

ブロートニア属

Broughtonia [略号：*Bro.*]

ブロートニア属はカリブ諸島に6種が分布。属名 *Broughtonia* は、イギリスの植物学者ブロートン（A. Broughton）への献名。タイプ種は *Bro. sanguinea*。

● ブロートニア・サングイネア
学名：*Bro. sanguinea*
着生植物。ジャマイカの標高0～800mに分布。偽鱗茎は長さ2.5～5cm、2葉をつける。花茎は斜上または弓状、長さ20～50cm、ときに分枝し、5～12花をつける。花は径2～4cm、ふつう鮮紅色。側花弁の基部が伸びて距状となる。花期は秋～春。種形容語 *sanguinea* は、ラテン語で「血紅色の」の意で、花色に因む。

バーケリア属

Barkeria [略号：Bark.]

バーケリア属はメキシコ〜中央アメリカに16〜19種が分布。属名 *Barkeria* は、本属のタイプ種を最初にイギリスに紹介したイギリスの園芸家バーカー（G. Barker）への献名。タイプ種は *Bark. uniflora*。

バーケリア・リンドリアナ
『カーティス・ボタニカル・マガジン』第100巻（1874）より

● バーケリア・リンドリアナ
学名：*Bark. lindleyana*

着生または岩生植物。メキシコ、グアテマラ、コスタリカの標高800〜2,500mに分布。茎は細い紡錘形、長さ4〜15cm、数葉をつける。花茎は長さ20〜40cm、数〜多花をつける。花は径3〜7cm。唇弁は大きく、目立つ。花色は白色、ピンク色、紫紅色など変異に富む。花期は冬〜春。種形容語 *lindleyana* は、イギリスの植物学者、ラン研究家のリンドリー（J. Lindley）への献名。

バーケリア・スキネリ

● バーケリア・スキネリ
学名：*Bark. skinneri*

着生または岩生植物。メキシコ〜グアテマラ北西部の標高900〜1,900mに分布。茎は細長い紡錘形、長さ5〜14cm、数葉をつける。花茎は長さ15〜30cm、多花をつける。花は径約3cm、桃紫色。花期は秋〜冬。種形容語 *skinneri* は、本種をグアテマラで発見したイギリスのラン収集家スキナー（U. Skinner）への献名。

ブラッサボラ属

Brassavola [略号：B.]

ブラッサボラ属は、メキシコ〜熱帯アメリカに18〜19種が分布。属名 *Brassavola* は、イタリアの医師で植物学者のブラッサボラ（A. M. Brassavola）への献名。タイプ種は *B. cucullata*。

ブラッサボラ・アカウリス

● **ブラッサボラ・アカウリス**
学名：*B. acaulis*
着生植物。コスタリカ〜パナマの標高1,200〜1,300mに分布。匍匐茎から茎と花茎を交互に生じる。茎は下垂し、棒状、長さ5〜8cm、1葉をつける。花茎は匍匐茎から生じ、短く、1〜4花をつける。花は径約10cm、白色で夜に芳香を放つ。花期は夏〜秋。種形容語 *acaulis* は、ラテン語で「無茎の」の意で、一見すると茎がないように見えることに因む。

ブラッサボラ・ククラタ

● **ブラッサボラ・ククラタ**
学名：*B. cucullata*
着生または岩生植物。カリブ諸島、コロンビア〜ベネズエラの標高1,800mまでに分布。茎は細い棒状、長さ10〜20cm、1葉をつける。花茎は長さ約1cmと短く、1花をつける。萼片と側花弁が下垂し、長さ15〜17cmと長い。花は淡黄色で、夜間に香りを放つ。花期は夏。種形容語 *cucullata* はラテン語で「僧帽形の」の意で、唇弁の形に因む。

ブラッサボラ・ノドサ

● **ブラッサボラ・ノドサ**
学名：*B. nodosa*
着生または岩生植物。メキシコ〜ベネズエラ、カリブ諸島の標高0〜500mに分布。茎は細い棒状、長さ3〜15cm、1葉をつける。花茎は長さ10〜20cm、2〜5花をつける。花は径7〜8cm。萼片と側花弁は淡緑色。唇弁は基部が筒状に巻いてずい柱を包み、先は広がる。花期は秋。種形容語 *nodosa* は、ラテン語で「でこぼこした」の意で、茎の形状に因む。夜間に芳香を放つことから、英名は lady of the night（夜の貴婦人）。

カトレヤ属の野生種

Cattleya［略号：*C.*］

カトレヤ属はコスタリカ～熱帯アメリカに、旧レリア属（*Laelia*）、旧ソフロニティス属（*Sophronitis*）などを含めて約120種が分布。属名 *Cattleya* は、タイプ種を最初に開花させたイギリスの園芸家キャトリー（W. Cattley）への献名。タイプ種は *C. labiata*。

カトレヤ・ラビアタ
左／『カーティス・ボタニカル・マガジン』第69巻（1843）より

● **カトレヤ・ラビアタ**
学名：*C. labiata*

着生植物。ブラジル東部の標高600～800mに分布。偽鱗茎はこん棒状、長さ12～30cm、1葉をつける。花茎は長さ約15cm、2～5花をつける。花は径12～17cmで、芳香がある。萼片と側花弁はピンク色、唇弁は濃赤紫色で縁は藤桃色。花期は秋。種形容語 *labiata* はラテン語で「唇形の」の意で、大きく目立つ唇弁に因む。

‖**オーキッド・トリビア**‖ カトレヤ・ラビアタはカトレヤ属の代表種というだけでなく、ラン科植物全体としての代表種ともいえるが、その発見史も興味深い。1816年、イギリスの博物学者スウェインソン（W. J. Swainson）は、収集家や植物園にシダ、コケ、熱帯植物を送るため、ブラジル北部に探索旅行を行った。採集植物の一部を、イギリスの園芸家キャトリー（W. Cattley）に届けた。よく知られる逸話として、シダを保護するための詰め草に使用されていたのがカトレヤ・ラビアタであったという物語が知られる。しかし、実際にはスウェインソンは現地で開花株を観察しており、キャトリーがランを愛好していることを知っていた。いずれにしても、1818年11月にキャトリーの温室で開花するまでは、その価値を理解していなかったことは確かである。1821年、イギリスの植物学者リンドリー（J. Lindley）は本種を基にカトレヤ属を新設し、*Cattleya labiata* と名付け、その美しさから熱狂的な話題となった。しかし、本種の生育地の正確な情報は意図的に伏せられたようで、イギリス、フランス、ベルギーから派遣されたベテランの植物収集家が探し求めたが、見つけることは叶わなかった。よくやく再発見されたのは、初開花してから71年後の1889年であった。

カトレヤ・アクランディアエ

● カトレヤ・アクランディアエ
学名：*C. aclandiae*

着生植物。ブラジルの標高100〜400mに分布。偽鱗茎は円筒形、2葉をつける。花茎は短く、1〜2花をつける。花は径8〜10cm、肉厚、強い芳香を放つ。萼片と側花弁は黄緑色地に暗紫褐色の斑紋が入る。花期は夏〜秋。種形容語 *aclandiae* は、イギリスのラン愛好家アクランド女史 (Lady Ackland) への献名。

カトレヤ・アラオリイ

● カトレヤ・アラオリイ　学名：*C. alaorii*

小型の着生植物。ブラジルの標高200〜600mに分布。偽鱗茎は長さ約4cm、1葉をつける。花茎は長さ2〜3cm、1〜2花をつける。花は径4〜5cm。萼片と側花弁は白色。花期は10月。種形容語 *alaorii* は、本種を採集したブラジルの採集家で、サンパウロ大学ピラシカバ校の元従業員アラオリ (Alaori Oliveira) への献名。

カトレヤ・アメティストグロッサ

● カトレヤ・アメティストグロッサ
学名：*C. amethystoglossa*

着生植物。ブラジル東部の標高600m付近に分布。偽鱗茎は長さ25〜50cm、2葉をつける。花茎は長さ7〜18cm、8〜12花をつける。花は径8〜10cm。萼片と側花弁は白色〜淡紅色地に濃紫紅色の斑点が入る。花期は冬。種形容語 *amethystoglossa* は、古代ギリシア語で「アメジスト色の唇弁の」の意で、唇弁の色に因む。

カトレヤ・ケルヌア

● カトレヤ・ケルヌア
学名：*C. cernua*
異名：*Sophronitis cernua*

小型の着生ときに岩生植物。ブラジル東部〜アルゼンチン北東部に分布。偽鱗茎は短く、1葉をつける。花茎は長さ2〜4cm、数花を密につける。花は径約2cm、朱赤色〜橙黄色。花期は秋〜冬。種形容語 *cernua* は、ラテン語で「前かがみの」の意。

カトレヤ・コッキネア

● カトレヤ・コッキネア
学名：*C. coccinea*
異名：*Sophronitis coccinea*
小型の着生まれに岩生植物。ブラジル南東部・南部〜アルゼンチンの標高650〜1,670mに分布。偽鱗茎は紡錘形、長さ2〜5cm、1葉をつける。花茎は長さ2〜3cm、1花をつける。花は径4〜6cm、朱赤色〜橙赤色。花期は秋〜冬。種形容語 *coccinea* は、ラテン語で「朱赤色の」の意で、花色に因む。カトレア類（151頁）の育種において、朱赤色を導入する交雑親として貢献している。

● カトレヤ・クリスパタ
学名：*C. crispata*
異名：*Laelia flava*
岩生植物。ブラジルの標高800〜1,000mに分布。偽鱗茎は長さ5〜20cm、1葉をつける。花茎は長さ30〜45cm、5〜10花をつける。花は径3〜4cm、鮮黄色。花期は冬〜春。種形容語 *crispata* は、ラテン語で「縮れた」の意で、唇弁の縁の形状に因む。

カトレヤ・クリスパタ

● カトレヤ・フォーブシイ
学名：*C. forbesii*
着生ときに岩生植物。ブラジルの標高200m付近に分布。偽鱗茎は長さ10〜20cm、2葉をつける。花茎は長さ9〜14cm、2〜5花をつける。花は径約10cm、有香。萼片と側花弁はオリーブ緑色〜黄緑色。花期は夏〜秋。種形容語 *forbesii* は、本種を発見したイギリスのラン採集家フォーブス（Forbes）への献名。

カトレヤ・フォーブシイ

●カトレヤ・ダウイアナ
学名：*C. dowiana*

着生植物。コスタリカ～コロンビアの標高250～1,200mに分布。偽鱗茎は長さ約13cm、1葉をつける。花茎に2～5花をつける。花は径12～15cmと大きく、有香。萼片と側花弁は濃黄色。唇弁は大きく広がり、縁は波状で、ビロード状の深紅紫色地に黄金色の脈が入る。花期は夏。種形容語 *dowiana* は、多くのランのヨーロッパ輸送に貢献したダウ船長（J. Dow）への献名。変種アウレア（var. *aurea*）は、唇弁に入る黄色の脈がより多く入る。本種は大輪系カトレア類（166頁）の育種において、黄色を導入する交雑親として重要。

カトレヤ・ダウイアナ

●カトレヤ・ギャスケリアナ
学名：*C. gaskelliana*

着生植物。トリニダード島～ベネズエラの標高700～1,000mに分布。偽鱗茎は長さ約20cm、1葉をつける。花茎に2～5花をつける。花は径12～17cm。花色は変異に富み、萼片と側花弁は通常は淡桃紫色、唇弁は桃紫色。花期は夏。種形容語 *gaskelliana* は、イギリスのラン収集家ギャスケル（H. Gaskell）への献名。

カトレヤ・ギャスケリアナ

●カトレヤ・グラヌロサ
学名：*C. granulosa*

着生植物。ブラジルの標高600～900mに分布。偽鱗茎は長さ25～60cm、2葉をつける。花茎は長さ5～25cm、3～9花をつける。花は径8～11cmで、有香。花色は変異に富むが、通常オリーブ緑色地に赤褐色の斑点が入る。花期は秋。種形容語 *granulosa* は、ラテン語で「粒状の」の意で、花の斑点に因む。

カトレヤ・グラヌロサ

カトレヤ・ハルポフィラ

● **カトレヤ・ハルポフィラ**
学名：*C. harpophylla*
異名：*Laelia harpophylla*
着生植物。ブラジルの標高500〜900mに分布。偽鱗茎は長さ15〜25cm、1葉をつける。花茎に数花をつける。花は径約6cm、橙赤色。花期は春。種形容語 *harpophylla* は、古代ギリシア語で「鎌形の葉の」の意で、葉形に因む。

カトレヤ・インテルメディア

● **カトレヤ・インテルメディア**
学名：*C. intermedia*
岩生または着生植物。ブラジル南東・南部〜パラグアイに分布。偽鱗茎は長さ12〜30cm、2葉をつける。花茎は長さ7〜15cm、3〜9cm、3〜9花をつける。花色は変異に富み、通常は萼片と側花弁は微紅白色、唇弁は紫紅色。花期は春〜夏。種形容語 *intermedia* は、ラテン語で「中庸の」の意で、中庸の大きさであることに因む。

カトレヤ・ロッディジェシイ

● **カトレヤ・ロッディジェシイ**
学名：*Cattleya loddigesii*
着生または岩生植物。ブラジル南東・南部の標高0〜950mに分布。偽鱗茎は長さ20〜40cm、2葉をつける。花茎に2〜6花をつける。花は径8〜11cm、藤桃色、有香。花期は通常夏。種形容語 *loddigesii* は、本種をヨーロッパに紹介した園芸業者ロッディジーズ (Loddiges) への献名。

カトレヤ・リューデマンニアナ

● **カトレヤ・リューデマンニアナ**
学名：*C. lueddemanniana*
着生植物。ベネズエラ北部の標高0〜500mに分布。偽鱗茎は長さ約25cm、1葉をつける。花茎は長さ約15cm、2〜4花をつける。花は径15〜20cm、紫紅色〜淡紫紅色、有香。唇弁は濃紫紅色地に紫色の線が入る。花期は秋。種形容語 *lueddemanniana* は、フランスのラン栽培家リューデマン (Lueddemann) への献名。

カトレヤ・ルンディイ

カトレヤ・マクシマ

カトレヤ・モシアエ
『カーティス・ボタニカル・マガジン』第65巻(1839)より

● **カトレヤ・ルンディイ**
学名：*C. lundii*　異名：*Laelia lundii*
小型の着生または岩生植物。ボリビア～アルゼンチンの標高740～1,000mに分布。偽鱗茎は長さ2～4cm、2葉をつける。花茎に1～2花をつける。花は径3～4cm、白色で、唇弁には桃紫色の脈が入る。花期は冬。種形容語 *lundii* は、デンマークの植物収集家ルンド(P. W. Lund)への献名。

● **カトレヤ・マクシマ**
学名：*C. maxima*
着生ときに岩生植物。エクアドル南部～ペルーの標高10～1,500mに分布。偽鱗茎は長さ20～30cm、1葉をつける。花茎は長さ15～20cm、3～7花をつける。花は径8～12cm。萼片と側花弁は桃色地に紫紅色の脈、唇弁は桃白色地に鮮紫紅色の脈がはいる。種形容語 *maxima* は、ラテン語で「最も大きい」の意で、花の大きさに因む。

● **カトレヤ・モシアエ**
学名：*C. mossiae*
着生植物。ベネズエラ北部の標高900～1,500mに分布。偽鱗茎は紡錘形、1葉をつける。花茎に2～5花をつける。花は径14～20cmと大きい。花は強い芳香がある。花色は変異に富む。通常、萼片と側花弁は淡藤紫色だが、白色や写真のように濃藤紫色の個体もある。唇弁には濃紫紅色の線が入る。花期は初夏。種形容語 *mossiae* は、本種を最初に開花させたイギリスのラン愛好家モス女史(Mrs. Moss)への献名。ベネズエラの国花の一つ。本種よりカトレヤ・ラビアタ(143頁)の方がヨーロッパへの紹介は早かったが(1816年)、自生地の再確認(1889年)に時間がかかった。本種はカトレヤ・ラビアタと同様に、偽鱗茎に1葉をつける「単葉性」で、大きな花を咲かせ、カトレヤ・ラビアタの次にヨーロッパに紹介され(1836年)、むしろ普及は本種の方が早かった。

カトレヤ・ノビリオル

◉カトレヤ・ノビリオル
学名：*C. nobilior*

着生植物。ブラジル〜ボリビアの標高170〜700mに分布。偽鱗茎は長さ4〜7cm、2〜3葉をつける。花茎に1〜2花をつける。花径は約10cm、明桃紫色。唇弁の側裂片がずい柱を完全に包む。花期は初夏。種形容語 *nobilior* は、ラテン語で「より気高い」の意。

◉カトレヤ・プルプラタ　学名：*C. purpurata*　異名：*Laelia purpurata*

着生植物。ブラジル南東・南部に分布。偽鱗茎は長さ15〜45cm、1葉をつける。花茎は長さ20〜30cm、2〜5花をつける。花は径約15cmで、有香。花色は変異に富み、萼片と側花弁は白色〜桃色地に紫色の脈が入る。唇弁の周辺は紫紅色。花期は夏。種形容語 *purpurata* は、ラテン語で「紫色の」の意で、花色に因む。ブラジルの国花。

カトレヤ・プルプラタ

カトレヤ・シレリアナ

◉カトレヤ・シレリアナ
学名：*C. schilleriana*

着生植物。ブラジルの標高0〜800mに分布。偽鱗茎は長さ8〜14cm、2葉をつける。花茎は長さ4〜10cm、1〜3花をつける。花は肉厚で、強い芳香を放ち、径約10cm。萼片と側花弁は褐緑色地に濃紫褐色の斑点が入り、唇弁は淡赤紫地に濃赤紫の筋が入る。花期は夏。種形容語 *schilleriana* は、本種を収集したドイツのラン愛好家シラー（C. Schiller）への献名。

カトレヤ・シュレーデラエ

●カトレヤ・シュレーデラエ
学名：*C. schroederae*

着生植物。コロンビア北東部に分布。偽鱗茎は長さ15～30cm、1葉をつける。花茎は長さ約30cm、2～3花をつける。花は径15～23cmと大きく、芳香を放つ。萼片と側花弁は白色に桃紫色のぼかしが入る。花期は初夏～夏。種形容語 *schroederae* は、シュレーダー男爵の妻（Schröder）に因む。

カトレヤ・テネブロサ'レイン・フォレスト'

●カトレヤ・テネブロサ
学名：*C. tenebrosa*
異名：*Laelia tenebrosa*

着生植物。ブラジルに分布。偽鱗茎は長さ20～30cm、1葉をつける。花茎は長さ20～25cm、3～5花をつける。花は径13～16cm、有香。萼片と側花弁は銅褐色、唇弁は紅紫色地に濃紫紅色の脈が入る。花期は夏。種形容語 *tenebrosa* は、ラテン語で「暗褐色の」の意。写真は'レイン・フォレスト'（'Rain Forest'）。

カトレヤ・ウォーケリアナ

●カトレヤ・ウォーケリアナ
学名：*C. walkeriana*

小型の岩生または着生植物。ブラジル中部・南東部の標高2,000mまでに分布。偽鱗茎は長さ5～10cm、1葉をつける。花茎に1～3花をつける。花は径8～10cm、紅紫色で、芳香がある。種形容語 *walkeriana* は、本種の発見者ガードナー（G. Gardner）の友人であるイギリスのラン収集家ウォーカー（E. Walker）に因む。

カトレヤ・ヴィティヒアナ

●カトレヤ・ヴィティヒアナ
学名：*C. wittigiana*
異名：*Sophronitis wittigiana*

小型の着生植物。ブラジルの標高700～2,000mに分布。偽鱗茎は長さ約2cm、1葉をつける。花茎に1花をつける。花は径5～7cm、桃紫色。花期は冬。種形容語 *wittigiana* は、ドイツの植物採集家ヴィティヒ（Wittig）への献名。

カトレヤ属の人工交雑種　*Cattleya* [略号：C.]

カトレヤ・ブルー・パール'ムラサキノ'

● **カトレヤ・ブルー・パール**
学名：*C.* Blue Pearl
交雑親：*C. walkeriana* × *C.* Aloha Case
登録：2004年　登録者：Hiroshi Okada
交雑親のカトレヤ・ウォーケリアナ（150頁）の形質をよく引き継いでいる。写真は優良個体の'ムラサキノ'（'Murasakino'）で、紫色を帯びる花色が魅力的。

カトレヤ・プラチナム・サン'O-1'

● **カトレヤ・プラチナム・サン**
学名：*C.* Platinum Sun
交雑親：*C.* Francis T. C. Au
　　　　　　× *C.* Colorama
登録：1973年
登録者：Rex Foster Orch.
花色が3色で、スプラッシュと呼ばれる側花弁のくさび斑が印象的である。花径14〜15cmの大輪系。写真は'O-1'。

カトレヤ・スペシャル・フィールド'サザナ'

● **カトレヤ・スペシャル・フィールド**
学名：*C.* Special Field
交雑親：*C.* Beaufort × *C.* Grace Kako
登録：2010年　登録者：Haruo Sato
交雑親の祖先種カトレヤ・コッキネア（145頁）の花色や形状などの形質を強く引き継いでいる小型交雑種。写真は'サザナ'（'Sazana'）。

カトレヤ・トロピカル・サンセット'チェアー・ガールズ'

● **カトレヤ・トロピカル・サンセット**
学名：*C.* Tropical Sunset
交雑親：*C.* Horace × *C.* Tropic Glow
登録：1989年　登録者：K. Ejiri
写真は優良個体の'チェアー・ガールズ'（'Cheer Girl's'）で、オレンジ黄色地に、赤色の大きなクサビ斑が入る。中輪系の人気交雑種。

151

カウラルトロン属

Caularthron [略号：*Cau.*]

カウラルトロン属は熱帯アメリカに4種が分布。属名 *Caularthron* は、古代ギリシア語で「茎」と「節」を意味する2語からなり、偽鱗茎の基部の節がはっきり見えることに因む。タイプ種は *Cau. bicornuta*。

ジャン・ジュール・ランダン『ランダニア』第2巻(1891)より

●カウラルトロン・ビコルヌツ
学名：*Cau. bicornuta*
異名：*Diacrium bicornutum*

着生ときに岩生植物。トリニダード・トバゴ〜ブラジル北部に分布。偽鱗茎は中空で、ときにアリが営巣し、長さ10〜30cm、3〜4葉をつける。花茎は長さ30〜40cm、多花をつける。花は径5〜7cm、有香、白色で、唇弁には赤紅細点が入る。花期は春。種形容語 *bicornuta* は、ラテン語で「2角の」の意で、唇弁の2本の突起に因む。

ディネマ属

Dinema [略号：*Din.*]

ディネマ属はメキシコ〜中央アメリカ、カリブ諸島に1種が分布する単型属。属名 *Dinema* は、古代ギリシア語で「2つの」と「糸」を意味する2語からなり、ずい柱に細い翼が直立することに因む。

●ディネマ・ポリブルボン
学名：*Din. polybulbon*
異名：*Encyclia polybulbon*

小型の着生または岩生植物。メキシコ〜中央アメリカ、カリブ諸島の標高600〜3,200mに分布。偽鱗茎は長さ1.5〜3cm、2葉をつける。花茎は短く、1花をつける。花は径2〜3cm、芳香を放つ。萼片と側花弁は濁黄色地に中央が濃褐色、唇弁は白色。花期は冬〜春。種形容語 *polybulbon* は、古代ギリシア語で「多くの偽鱗茎の」の意。

エンキクリア属

Encyclia［略号：*E.*］

エンキクリア属はフロリダ、メキシコ〜熱帯アメリカに約150種以上が分布。属名 *Encyclia* は、古代ラテン語で「取り囲む」の意で、唇弁の側裂片がずい柱を包み込むことに因む。タイプ種は *E. viridiflora*。

エンキクリア・アデノカウラ

● **エンキクリア・アデノカウラ**
学名：*E. adenocaula*
着生植物。メキシコ中部・南西部の標高1,000〜2,000mに分布。偽鱗茎は長さ5〜8cm、2〜3葉をつける。花茎は直立または弓状に伸び、長さ40〜100cm、多花をつける。花は径8〜10cm、淡桃紫色、唇弁に紫紅色の筋が入る。花期は夏。種形容語 *adenocaula* は、古代ラテン語で「腺」と「茎」を意味する2語からなり、花茎頂部のいぼ状突起に因む。

● **エンキクリア・アラタ**
学名：*E. alata*
着生植物。メキシコ〜中央アメリカの標高0〜1,000mに分布。偽鱗茎は長さ4〜10cm、1〜3葉をつける。花茎はときに分枝し、長さ20〜90cm、まばらに多花をつける。花は径4〜5cm。花色は変異に富むが、萼片と側花弁はふつう淡黄色で先端は濃褐色、唇弁には赤褐色の筋が入る。花期は夏。種形容語 *alata* は、ラテン語で「翼がある」の意で、唇弁の側裂片の形状に因む。

エンキクリア・アラタ

● **エンキクリア・コルディゲラ**
学名：*E. cordigera*
着生まれに岩生植物。メキシコ〜南アメリカ北部の標高0〜900mに分布。偽鱗茎は長さ3〜11cm、2〜3葉をつける。花茎は長さ15〜75cm、3〜15花をつける。花は径5〜7cm、有香。萼片と側花弁は褐色、褐紫色、緑色、唇弁は鮮桃色、淡桃色、紫色など変異に富む。花期は春〜初夏。種形容語 *cordigera* は、ラテン語で「心臓形を持った」の意で、唇弁の形状に因む。

エンキクリア・コルディゲラ

エピデンドルム属

Epidendrum［略号：*Epi.*］

エピデンドルム属は熱帯〜亜熱帯アメリカに1,300種以上が分布。属名 *Epidendrum* は、古代ラテン語で「上」と「樹」を意味する2語からなり、着生植物であることに因む。タイプ種は *Epi. nocturnum*。

エピデンドルム・キリアレ

●エピデンドルム・キリアレ
学名：*Epi. ciliare*

着生ときに岩生植物。メキシコ〜熱帯アメリカの標高500〜1,000mに分布。茎は長さ10〜20cm、1〜2葉をつける。花茎は長さ10〜30cm、数花をつける。花は径7〜9cm、強い芳香を放ち、緑黄色。唇弁は白色で、羽状に細裂して美しい。花期は秋〜春。種形容語 *ciliare* は、ラテン語で「縁毛のある」の意で、唇弁の特徴に因む。

エピデンドルム・イバグエンセ

●エピデンドルム・イバグエンセ
学名：*Epi. ibaguense*

コロンビア〜トリニダード島、ボリビア西部の標高330〜1,700mに分布。茎は長く、ときに1mを超え、多くの葉を互生する。花茎は頂部に多花を密につけ、球状になる。花は径約3cm。花色は変異に富み、赤色、橙色、黄色など。花期は不定。種形容語 *ibaguense* は、ラテン語で「コロンビアの都市イバゲ（Ibagué）」の意で、本種の発見地に因む。

エピデンドルム・メラノポルフィレウム

●エピデンドルム・メラノポルフィレウム
学名：*Epi. melanoporphyreum*

着生植物。ペルー北部・中部の標高1,300m付近に分布。茎は細く直立し、多くの葉を互生する。花茎は分枝し、長さ約13cm、まばらに多花をつける。花は径3〜3.5cm、黒紫色。花期は冬〜春。種形容語 *melanoporphyreum* は、ラテン語で「黒」と「紫」を意味する2語からなり、花色に因む。

● エピデンドルム・パーキンソニアヌム
学名：*Epi. parkinsonianum*
着生植物。メキシコ〜中央アメリカの標高1,000〜2,300mに分布。茎には通常1葉をつける。花茎に1〜3花をつける。花は径10〜15cm、有香、淡黄色〜黄緑色、唇弁は白色。花期は夏。種形容語 *parkinsonianum* は、イギリス外交官でラン愛好家パーキンソン（J. Parkinson）への献名。

エピデンドルム・パーキンソニアヌム

● エピデンドルム・プセウデピデンドルム
学名：*Epi. pseudepidendrum*
コスタリカ〜パナマの標高400〜2,000mに分布。茎は長さ50〜100cm。花茎は長さ約15cm、2〜5花をつける。花は長さ6〜7cm、緑色、唇弁は橙赤色。花期は夏。種形容語 *pseudepidendrum* は、古代ラテン語で「偽のエピデンドルム属の」の意。

エピデンドルム・プセウデピデンドルム

● エピデンドルム・スタンフォーディアヌム
学名：*Epi. stamfordianum*
着生植物。メキシコ南部〜ベネズエラの標高20〜800mに分布。偽鱗茎に2葉をつける。花茎は長さ40〜60cm、多花をつける。花径3〜4cm。花色は変異に富み、赤褐色の斑点が入る。花期は冬〜春。種形容語 *stamfordianum* は、イギリスのラン愛好家スタンフォード（Stamford）に因む。

エピデンドルム・スタンフォーディアヌム

イサベリア属
Isabelia［略号：*Isa.*］

イサベリア属は、ブラジル〜アルゼンチン北東部に4種が分布。属名 *Isabelia* は、ブラジル王女イサベル（D. Isabel）に因む。タイプ種は *Isa. virginalis*。

● イサベリア・ビオラケア
学名：*Isa. violacea*
異名：*Sophronitella violacea*
小型の着生ときに岩生植物。ブラジル東部に分布。偽鱗茎に1葉をつける。花茎に1〜2花をつける。花は径約3cm、鮮董桃色。花期は冬〜春。種形容語 *violacea* は、ラテン語で「紫色の」の意で、花色に因む。

グアリアンテ属

Guarianthe [略号：*Gur.*]

グアリアンテ属はメキシコ〜ベネズエラ、トリニダード島に4種、1自然交雑種が分布。属名 *Guarianthe* は、現地語で「着生ラン」、古代ラテン語で「花」を意味する2語からなる。カトレア属（143頁）からDNA解析により分離された。タイプ種は *Gur. skinneri*。

グアリアンテ・アウランティアカ

● グアリアンテ・アウランティアカ
学名：*Gur. aurantiaca*

着生ときに岩生植物。メキシコ〜中央アメリカの標高300〜1,600mに分布。偽鱗茎は長さ5〜15cm、2葉をつける。花茎は長さ5〜10cm、5〜15花を密につける。花は径3〜4cm、肉厚で光沢があり、橙黄色〜橙赤色。花期は秋〜冬。種形容語 *aurantiaca* は、ラテン語で「橙黄色の」の意で、花色に因む。

グアリアンテ・ボウリンギアナ

● グアリアンテ・ボウリンギアナ
学名：*Gur. bowringiana*

岩生植物。メキシコ〜ホンジュラスの標高210〜900mに分布。偽鱗茎は長さ25〜80cm、2葉をつける。花茎は長さ20〜25cm、多花を密につける。花は径5〜7cm。萼片と側花弁は紫紅色、唇弁は濃紫紅色。花期は秋。種形容語 *bowringiana* は、イギリスのラン愛好家ボウリング（J. C. Bowring）に因む。

グアリアンテ・スキネリ

● グアリアンテ・スキネリ
学名：*Gur. skinneri*

着生植物。メキシコ〜中央アメリカの標高200〜2,300mに分布。偽鱗茎は長さ25〜30cm、2葉をつける。花茎は長さ12〜15cm、4〜12花を密につける。花は径8〜9cm、紫紅色で、唇弁喉部は白色。花期は春〜初夏。種形容語 *skinneri* は、本種を発見したイギリスのラン採集家スキナー（G. U. Skinner）への献名。コスタリカの国花。

レリア属　　　　　　　　　　　　　　　　　　　　　　Laelia ［略号：L.］

レリア属はメキシコ〜熱帯アメリカに24〜30種が分布。属名 Laelia は、ローマ神話のベスタ神（炉の女神）に仕えた処女の一人の名に因み、花の美しさに由来する。タイプ種は L. speciosa。

レリア・スペキオサ
ジョセフ・パクストン『植物学雑誌』第12巻（1845）より

●レリア・スペキオサ
学名：L. speciosa

着生植物。メキシコの標高1,400〜2,400mの乾燥地に分布。偽鱗茎は長卵形、長さ4〜6cm、1〜2葉をつける。花茎は長さ12〜20cm、1〜4花をつける。花は径10〜15cm、強い芳香を放ち、寿命は長い。萼片と側花弁は淡藤桃色、唇弁は白色地に紫紅色の筋が放射状に入り、縁は桃紫色。花期は春〜夏。種形容語 speciosa は、ラテン語で「美しい、華やかな」の意で、花の美しさに因む。

‖オーキッド・トリビア‖ レリア・スペキオサは、メキシコでは flor de todos santos（諸聖人の花）と呼ばれている。メキシコ中央高原の村人たちは、11月1日と2日にすべての聖人の日と死者の日を祝う。本種やレリア・アウツムナリス（下記）の偽鱗茎をすりつぶしてでんぷん質のペースト状とし、砂糖、レモンジュース、卵白と混ぜ合わし、数日間寝かせる。その後、動物や果物、どくろを型どった木型に流し込み、聖人の日と死者の日を祝う装飾品とする。

レリア・アウツムナリス

●レリア・アウツムナリス
学名：L. autumnalis

着生または岩生植物。メキシコの標高1,500〜2,600mに分布。偽鱗茎は長さ10〜15cm、2〜3葉をつける。花茎は長さ50〜90cm、直立または斜上し、上部に数花をつける。花は径約8cm、桃色で、先は紫紅色。唇弁中央の2条の隆起線は淡黄色。花期は秋〜冬。種形容語 autumnalis は、ラテン語で「秋咲きの」の意で、花期に因む。

レリア・アンケプス

●レリア・アンケプス
学名：*L. anceps*

着生植物。メキシコ〜ホンジュラスの標高500〜1,500mに分布。偽鱗茎はやや扁平な長卵形、長さ5〜10cm、1葉をつける。花茎は長さ50〜90cm、斜上し、2〜5花をつける。花は径8〜10cm、淡桃色、芳香を放ち、寿命が長い。唇弁は赤紫色、基部の隆起は黄色。花期は秋〜冬。種形容語 *anceps* は、ラテン語で「二陵の」の意で、扁平な偽鱗茎または花を包む大きな二つ折りの苞に因んでいると考えられる。

レリア・グールディアナ

●レリア・グールディアナ
学名：*L.* × *gouldiana*

着生植物。メキシコの標高1,550m付近に分布する自然交雑種（*L. anceps* × *L. autumnalis*）。偽鱗茎は長さ6〜12cm、2葉をつける。花茎は長さ30〜45cm、数花をまばらにつける。花は径7〜10cm、暗桃紫色で、唇弁の先は濃赤紫色。花期は秋〜初冬。種形容語 *gouldiana* は、アメリカの銀行家でラン愛好家のグールド（Gould）に因む。現地ではハロウィーンの時期に開花することから、flor de muerto（死の花）、英名は halloween orchid（ハロウィーンのラン）。

レリア・ルベスケンス

●レリア・ルベスケンス
学名：*L. rubescens*

着生ときに岩生植物。メキシコ〜中央アメリカの標高0〜1,700mに分布。偽鱗茎は長さ4〜7cm、1葉をつける。花茎は長さ40〜70cm、5〜10花をつける。花は径4〜6cm、芳香を放ち、淡桃菫色で、唇弁喉部は赤紫色または白色。花期は冬。種形容語 *rubescens* は、ラテン語で「やや赤い」の意で、花色に因む。

レリア・スプレンディダ　右／花のアップ

レリア・スペルビエンス

レリア・ウンドゥラタ

●レリア・スプレンディダ
学名：*L. splendida*
異名：*Schomburgkia splendida*
着生または岩生植物。コロンビア〜エクアドルの標高600〜1,500mに分布。偽鱗茎はやや扁平な紡錘形、長さ15〜20cm、2〜3葉をつける。花茎は長さ約100cm、8〜15花をつける。花は約10cm。萼片と側花弁は暗赤色、唇弁は桃色。種形容語 *splendida* は、ラテン語で「素晴らしい」の意。

●レリア・スペルビエンス
学名：*L. superbiens*
異名：*Schomburgkia superbiens*
着生または岩生植物。メキシコ〜ホンジュラスの標高800〜2,000mに分布。偽鱗茎は長さ30〜50cm、2葉をつける。花茎は1〜2mに達し、頂部に10〜20花を密につける。花は径10〜15cm、桃紫色。花期は冬。種形容語 *superbiens* は、ラテン語で「立派な、堂々とした」の意。

●レリア・ウンドゥラタ
学名：*L. undulata*
異名：*Schomburgkia undulata*
着生または岩生植物。コスタリカ〜トリニダード島の標高600〜1,200mに分布。偽鱗茎は紡錘形で、2〜3葉をつける。花茎は60〜180cm、頂部に約20花をつける。花は径約30cm、ろう質の暗赤紫色。花期は秋〜冬。種形容語 *undulata* は、ラテン語で「うねった」の意で、側花弁が捩じれることに因む。

レプトテス属

Leptotes［略号：*Lpt.*］

レプトテス属はブラジル〜アルゼンチン北東部に約10種が分布。属名 *Leptotes* は、古代ギリシア語で「繊細な」の意で、開花する風情に因む。タイプ種は *Lpt. bicolor*。

● レプトテス・ビコロル　学名：*Lpt. bicolor*

小型の着生植物。ブラジル〜パラグアイの標高500〜900mに分布。偽鱗茎は細くて短い円筒状で、多肉質で棒状の葉を1枚つける。花茎は短く、1〜3花つける。花は径2.5〜3cm、芳香を放ち、白色で、唇弁中央が濃紫紅色。花期は冬〜春。種形容語 *bicolor* は、ラテン語で「2色の」の意で、花色に因む。果実から抽出したエキスにはバニラ(17頁)と同様に芳香物質バニリンを含み、ブラジルでは香料として利用。

ミルメコフィラ属

Myrmecophila［略号：*Mcp.*］

ミルメコフィラ属はメキシコ〜ベネズエラ、カリブ諸島西部・南部に10種以上が分布。属名 *Myrmecophila* は、古代ラテン語で「アリ」と「愛する」を意味する2語からなり、偽鱗茎の空洞にアリが生息することに因む。タイプ種は *Mcp. tibicinis*。

ジェームズ・ベイトマン
『メキシコとグアテマラのラン』30図(1843)より

● ミルメコフィラ・ティビキニス
学名：*Mcp. tibicinis*　異名：*Laelia tibicinis*

着生ときに岩生植物。メキシコ〜ベネズエラ北部の標高300〜600mに分布。偽鱗茎は紡錘形、長さ30〜60cm、数葉をつける。花茎は長さ1m以上、約10花をつける。花は径5〜7.5cm、芳香を放つ。花色は変異に富み、通常は紫紅色。花期は春。種形容語 *tibicinis* は、ラテン語で「笛吹き」の意。偽鱗茎の中は空洞で、基部には穴があり、アリが空洞に巣くう。アリはランを外敵から守る護衛隊となっている。

プロステケア属 *Prosthechea*［略号：*Psh.*］

プロステケア属はフロリダ南部、メキシコ〜熱帯アメリカに100種以上が分布。属名 *Prosthechea* は、ギリシア語で「付属体」の意で、蕊の背部に先のとがった付属体がつくことに因む。タイプ種は *Psh. glauca*。

プロステケア・コクレア

● プロステケア・コクレアタ
学名：*Psh. cochleata*
異名：*Encyclia cochleata*
英名：clamshell or cockle shell, octopus orchid

着生植物。フロリダ南部、カリブ諸島、メキシコ〜南アメリカ北部の標高100〜2,000mに分布。偽鱗茎は長卵形、長さ10〜20cm、2〜3葉をつける。花茎は長さ30〜50cm、約10花をつける。花は唇弁を上にして咲き、長さ7〜8cm。萼片と側花弁は黄緑色、唇弁には暗紫色の斑紋が入る。花期は夏〜秋。種形容語 *cochleata* は、ラテン語で「貝の形をした」の意で、唇弁の形態に因む。

> ‖オーキッド・トリビア‖ プロステケア・コクレアタは、暗紫色を帯びる唇弁をタコの胴に見立て、萼片と側花弁を足に見立て、英名は octopus orchid（タコのラン）と呼ばれる。確かにその姿は、海の中でゆらゆらとユーモラスに泳ぐタコを連想する。唇弁は二枚貝にも似ており、clamshell または cockle shell とも呼ばれる。ベリーズの国花としても知られ、black orchid（スペイン語で orquidea negra）の名で知られる。

プロステケア・ブラッサボラエ

● プロステケア・ブラッサボラエ
学名：*Psh. brassavolae*

着生ときに岩生植物。メキシコ〜中央アメリカの標高900〜2,500mに分布。偽鱗茎は長さ9〜18cm、2〜3葉をつける。花茎は長さ15〜45cm、約10花をつける。花は径約10cm。萼片と側花弁は淡緑黄色、唇弁の先は紫紅色。花期は夏〜秋。種形容語 *brassavolae* は、ラテン語で「ブラッサボラ属（142頁）に似た」の意で、花形に因む。

プロステケア・ガルシアナ

●プロステケア・ガルシアナ
学名：*Psh. garciana*
異名：*Encyclia garciana*
着生植物。ベネズエラの標高1,200m付近に分布。偽鱗茎は長さ約4cm、1葉をつける。花茎は長さ約4cm、唇弁を上にした1花をつける。花は約2cm、白色地に桃紫色の脈が入り、甘い芳香を放つ。花期は夏。種形容語 *garciana* は、ベネズエラのラン愛好家ガルシア（Garcia）に因む。

プロステケア・プリスマトカルパ

●プロステケア・プリスマトカルパ
学名：*Psh. prismatocarpa*
異名：*Encyclia prismatocarpa*
着生植物。コスタリカ〜パナマ西部の1,200〜3,300mに分布。偽鱗茎は長さ10〜15cm、2〜3葉をつける。花茎は長さ30〜40cm、多花をつける。花は肉厚で径4〜5cm、寿命が長い。萼片と側花弁は黄緑色地に褐色の斑点が入る。花期は夏。種形容語 *prismatocarpa* は、古代ラテン語で「プリズム状の果実の」の意で、果実の形態に因む。

プロステケア・ラディアタ

●プロステケア・ラディアタ
学名：*Psh. radiata*
異名：*Encyclia radiata*
着生植物。メキシコ〜ニカラグアの標高150〜2,000mに分布。偽鱗茎は卵形、長さ2〜2.5cm、2〜4葉をつける。花茎は長さ7〜20cm、4〜12花をつける。花は唇弁を上にして咲き、径約2.5cm。萼片と側花弁は黄緑色、唇弁には紫色の線が入る。花期は春〜夏。種形容語 *radiata* は、ラテン語で「放射状」の意で、唇弁の線に因む。

プロステケア・ベスパ

●プロステケア・ベスパ
学名：*Psh. vespa*
異名：*Encyclia vespa*
着生植物。ブラジルの標高15〜1,000mに分布。偽鱗茎は長さ6〜20cm、2葉をつける。花茎は長さ約30cm、多花をつける。花は唇弁を上にして咲き、径1.5〜2.5cm、肉厚。萼片と側花弁は緑黄色地に褐紫色の斑点が入り、唇弁は白色。花期はふつう春。種形容語 *vespa* は、ラテン語で「スズメバチ」の意で、花形に因む。

プロステケア・ビテリナ

●プロステケア・ビテリナ
学名：*Psh. vitellina*
異名：*Encyclia vitellina*
着生植物。メキシコ〜ホンジュラスの標高1,400〜2,600mに分布。偽鱗茎は長さ2.5〜5cm、2〜3葉をつける。花茎はときに分枝し、長さ12〜30cm、約10花をつける。花は径3〜4cm、鮮橙赤色〜朱赤色、唇弁基部は黄色。花期は秋〜冬。種形容語 *vitellina* は、ラテン語で「明るい黄橙色」の意で、花色に因む。

スカフィグロッティス属　　*Scaphyglottis* [略号：*Scgl.*]

スカフィグロッティス属はメキシコ〜熱帯アメリカに約70種が分布。属名 *Scaphyglottis* は、古代ギリシア語で「くぼみ」と「舌」を意味する2語からなり、唇弁中央に溝が入ることに因む。タイプ種は *Scgl. graminifolia*。

●スカフィグロッティス・ビデンタタ
学名：*Scgl. bidentata*
異名：*Hexisea bidentata*
小型の着生植物。中央および熱帯アメリカ南部の標高2,000m以下に分布。偽鱗茎は長さ5〜10cm、2葉をつける。花茎は長さ2.5〜3cm、密に数花をつける。花は径約2cm、朱赤色。花期は夏〜秋。種形容語 *bidentata* は、ラテン語で「二歯の」の意で、葉の裂けめの先端の形状に因む。

リンコレリア属

Rhyncholaelia [略号：*Rl.*]

リンコレリア属はメキシコ〜中央アメリカに2種が分布。属名 *Rhyncholaelia* は、古代ギリシア語で「くちばし」と近縁のレリア属（157頁）の2語からなり、長い花柄を持ち、レリア属に似た花を咲かせることに因む。タイプ種は *Rl. glauca*。

リンコレリア・ディグアナ
上／『カーティス・ボタニカル・マガジン』
第75巻（1849）より

●リンコレリア・ディグアナ
学名：*Rl. digbyana*
異名：*Brassavola digbyana*

着生植物。メキシコ南東部〜ホンジュラスの標高10〜1,000mに分布。偽鱗茎は長さ15〜12cm、1葉をつける。花茎は短く、1花をつける。花は径12〜15cm、乳白色で、強い芳香を特に夜間に放つ。唇弁は径約8cmと大きく、縁は羽状に細裂し、極めて美しい。花期は春〜夏。花の寿命は長い。種形容語 *digbyana* は、本種を開花させ、新種記載に貢献したイギリスのラン愛好家ディグビー（St. V. Digby）への献名。ホンジュラスの国花。カトレア類（165〜166頁）の交雑親として重要で、唇弁が大きく、縁が波状で観賞性の高い花の作出に寄与している。特に夜間に香ることから英名は queen of the night（夜の女王）。

リンコレリア・ディグアナ　花のアップ

リンコレリア・グラウカ

●リンコレリア・グラウカ
学名：*Rl. glauca*　異名：*Brassavola glauca*

着生植物。メキシコ南部〜ホンジュラスの標高700〜1,600mに分布。偽鱗茎は長さ4〜10cm、1葉をつける。花茎は短く、1花をつける。花は径10〜12cm、淡緑白色〜白色、肉厚で芳香を放つ。花期は冬〜春。種形容語 *glauca* は、古代ラテン語で「灰青色の」の意で、花色に因む。

❖カトレア類の人工属

ブラッソカトレヤ属　　　　　×*Brassocattleya*［略号：*Bc.*］

ブラッソカトレヤ属は、2属間交雑（*Brassavola*×*Cattleya*）により作出された人工属。

'バレンタイン・キッス'

● ブラッソカトレヤ・モーニング・グローリー
学名：×*Bc.* Morning Glory
交雑親：*B. nodosa*×*C. purpurata*
登録：1958年　登録者：Del-Ora
花形はブラッサボラ・ノドサ（142頁）の、花色はカトレヤ・プルプラタ（149頁）の性質を引き継いでいる。花径約6〜8cm。写真は'バレンタイン・キッス'（'Valentine Kiss'）。

カトリアンセ属　　　　　×*Cattlianthe*［略号：*Ctt.*］

カトリアンセ属は、2属間交雑（*Cattleya*×*Guarianthe*）により作出された人工属。

'ミカゲ'

● カトリアンセ・ファビンギアナ
学名：*Ctt.* Fabingiana
交雑親：*Gur. bowringiana*
　　　　×*Ctt.* Fabiata
登録：1952年　登録者：S. Takeda
日本で育成された多花性の銘花で、花径約10cm。写真は'ミカゲ'（'Mikage'）で、鮮やかな色彩の、最も均整のとれた花をつける。

エピカトレヤ属　　　　　×*Epicattleya*［略号：*Epc.*］

エピカトレヤ属は、2属間交雑（*Cattleya*×*Epidendrum*）により作出された人工属。

● エピカトレヤ・ルネ・マルケス
学名：*Epc.* René Marqués
交雑親：*Epi. pseudepidendrum*
　　　　×*C.* Claesiana Alba
登録：1979年　登録者：W.S.Murray
交雑親のエピデンドルム・プセウデピデンドルム（155頁）の形質を強く引き継いでいる。花は径4〜6cm、金属質の光沢があり、芳香を放つ。花の寿命が長い。

レリオカトレヤ属

×*Laeliocattleya*［略号：*Lc.*］

レリオカトレヤ属は、2属間交雑（*Cattleya*×*Laelia*）により作出された人工属。

'レモン・シフォン'

◉ **レリオカトレヤ・コースタル・サンライズ**
学名：*Lc.* Coastal Sunrise
交雑親：*L. anceps* × *C.* Helen Veliz
登録：1987年　登録者：Stewart Orch.
交雑親のレリア・アンケプス(158頁)の形質をよく引き継いでおり、個体の多くは花色が赤みを帯びている。写真の'レモン・シフォン'('Lemon Chiffon')のように、祖先種のカトレヤ・ダウイアナ(146頁)の形質から花色が黄色を帯びる個体も知られる。

リンコレリオカトレヤ属

×*Rhyncholaeliocattleya*［略号：*Rlc.*］

リンコレリオカトレヤ属は、2属間交雑（*Cattleya*×*Rhyncholaelia*）により作出された人工属。

リンコレリオカトレヤ・アルマ・キー'ティップマリー'

◉ **リンコレリオカトレヤ・アルマ・キー**
学名：*Rlc.* Alma Kee
交雑親：*C.* Alma (1931)
　　　　× *Rlc.* Cheah Bean-Kee
登録：1975年　登録者：Miyamoto
交雑親の祖先種カトレヤ・ダウイアナ(146頁)の形質を引き継いでいる。花は径13〜15cm、有香。写真の'ティップマリー'('Tipmalee')は、唇弁が鮮やかな赤色地に黄色脈入り、銘花として知られ、花の寿命も長い。

リンコレリオカトレヤ・トゥウェンティー・ファースト・センチュリー
'ニュー・ジェネレーション'

◉ **リンコレリオカトレヤ・トゥウェンティー・ファースト・センチュリー**
学名：*Rlc.* Twenty First Century
交雑親：*Rlc.* Memoria Ichie Ejiri
　　　　× *C.* Drumbeat
登録：1998年　登録者：Suwada Orch.
交雑親の祖先にはカトレヤ類の銘花が多く使用されている。交雑親としても有望。写真は優良個体'ニュー・ジェネレーション'('New Generation')で、花径18cmになることもある。

◆セッコク亜科・エピデンドルム連・プレウロタリス亜連

ドラクラ属
Dracula [略号：*Drac.*]

ドラクラ属は、メキシコ南部～ペルーに120種以上が分布。属名 *Dracula* は、中世ラテン語で「竜」と「小さな」を意味する2語からなり、花形に因む。萼片が大きく、基部で合着して開出し、先は尾状に伸びる。側花弁はごく小さく、軟骨質。唇弁は肉厚で、多くは椀状となって前に突き出る。タイプ種は *Drac. chimaera*。

‖オーキッド・トリビア‖ ドラクラ属の属名は「小さな竜」を意味するが、その奇怪な花形からブラム・ストーカー著の怪奇小説『吸血鬼ドラキュラ』(1897年)に登場するドラキュラ伯爵(Count Dracula)に由来しているという逸話がよく知られる。ドラキュラ伯爵のモデルとしては15世紀のワラキア公国(現在のルーマニア)の君主ヴラド3世(Vlad III)とされ、通称ドラキュラ公と呼ばれている。不気味な雰囲気を持つ花を咲かせる種が多く、コウモリを連想させることから、吸血鬼ドラキュラに結びついたのであろう。一方、*Drac. gigas*(次頁)や *Drac. simia* のように、サルの顔に似たユーモラスな花を咲かせる種も知られ、monkey orchid(サルのラン)と呼ばれる。以前は、マスデバリア属(169頁)に含まれていたが、特徴ある分類群であったため、1978年にドラクラ属として独立した。

ドラクラ・キマエラ
上／『カーティス・ボタニカル・マガジン』第101巻(1875)より
下／'ヘラクレス'

●ドラクラ・キマエラ
学名：*Drac. chimaera*

地生、岩生または着生植物。コロンビア西部の標高1,400～2,500mに分布。葉は長さ15～30cm。花茎は水平～斜め下方に伸び、順次、数花をつける。花は長さ20～30cm。萼片は地色が変異に富み、白色、黄白色、緑色などで、褐紫色の細点が入り、粗い毛が密生する。花期は冬。種形容語 *chimaera* は、ギリシア神話に登場する怪獣キマイラ(Chimaira)に因む。写真は優良個体の'ヘラクレス'('Hercules')。

167

ドラクラ・ギガス

●ドラクラ・ギガス
学名：*Drac. gigas*
着生植物。コロンビア西部〜エクアドル北西部の標高1,700〜2,600mに分布。葉は長さ15〜25cm。花茎は斜め上方または下方に伸び、長さ30〜60cm、順次、数花をつける。花は径約10cm。萼片は黄白色。花期は冬〜春。種形容語 *gigas* は、古代ギリシア語で「巨大な」の意で、花の大きさに因む。ずい柱と唇弁の配置がサルの顔に似ることから、monkey orchid とも呼ばれる。

ドラクラ・ポリフェムス

●ドラクラ・ポリフェムス
学名：*Drac. polyphemus*
着生植物。エクアドル中部の標高1,400〜2,200mに分布。葉は長さ12〜25cm。花茎は水平〜斜め下方に伸び、数花をつけ、1花ずつ開花する。花は長さ約20cm。萼片は淡桃白色地に紫褐色の斑点が密に入り、短毛を生じる。花期は冬〜春。種形容語 *polyphemus* は、ギリシア神話に登場する単眼の巨人キュクロプス(Cyclops)の意で、花形に因む。

●ドラクラ・バンピラ
学名：*Drac. vampira*
着生植物。エクアドル中部の標高1,800〜2,200mに分布。葉は長さ15〜15cm。花茎は水平〜斜め下方に伸び、長さ20〜40cm、順次、数花をつける。花は径10cm。萼片は黒紫色の筋が入る。唇弁は椀状、桃白色で、長さ約2cm。種形容語 *vampira* は、ラテン語で「吸血鬼のような」の意で、不気味な花に因む。

ドラクラ・バンピラ

マスデバリア属の野生種　*Masdevallia*［略号：*Masd.*］

マスデバリア属は、メキシコ〜熱帯アメリカ南部に500種以上が分布。属名 *Masdevallia* は、スペインのカルロス3世の侍医で植物学者のマスデバル（J. Masdeval）への献名。萼片は大きく、基部は合着して、杯状、筒状となり、先端は多様に展開する。タイプ種は *Masd. uniflora*。

マスデバリア・ヴィーチアナ

● マスデバリア・ヴィーチアナ
学名：*Masd. veitchiana*
地生、ときに岩生または着生植物。ペルーの2,000〜4,000mに分布。葉は長さ15〜25cm。花茎は直立し、長さ30〜50cm、1花をつける。花は長さ約12cm、朱黄色〜橙赤色、微毛を生じ、光が当たると煌めく。花期は冬〜春。種形容語 *veitchiana* は、本種を発見し、ヨーロッパに導入し、初開花に成功したヴィーチ商会のハリー・ジェームズ・ヴィーチ（H. J. Veitch）への献名。ヴィーチ商会は19世紀のヨーロッパで最大規模を誇った園芸業者で、多くのプラントハンターを世界各地に派遣し、ランを含め、世界の珍奇植物をヨーロッパに導入した。

‖ オーキッド・トリビア ‖ マスデバリア・ヴィーチアナは、世界遺産で有名なインカ帝国の遺跡マチュ・ピチュ（Machu Picchu）の周辺に自生している。現地では雄鶏を意味する gallo-gallo と呼ばれ、鶏冠に似る花に因む。インカ帝国の人々はこの植物をワカンキ（waqanki）と呼んでいたという。

マスデバリア・アヤバカナ

● マスデバリア・アヤバカナ
学名：*Masd. ayabacana*
着生植物。ペルーの標高1,200〜1,800mに分布。葉は長さ15〜30cm。花茎は直立し、長さ25〜45cm、3〜5花をつける。花は長さ約20cm、紫赤色地に深紫赤色の点が入る。花期は春。種形容語 *ayabacana* は、自生地のエクアドルとの国境に近いペルー北西部の町アヤバカ（Ayabaca）に因む。

● マスデバリア・カウダタ　学名：Masd. caudata

着生植物。コロンビア〜ベネズエラ北西部の標高1,800〜3,300mに分布。葉は長さ5〜10cm。花茎は直立し、長さ約8cm、1花をつける。花は長さ約10cm。萼片は基部が浅い杯状となり、先は尾状となって長さ4〜7cm。花色は変異に富み、背萼片は黄色地に紫褐色の斑点と線、側萼片は暗紫桃色斑が入る。花期は冬〜春。種形容語 *caudata* は、ラテン語で「尾状の」の意で、萼片の特徴に因む。

マスデバリア・カウダタ　ロバート・ワーナー『オーキッド・アルバム』第5図（1882）より

マスデバリア・ビコロル

● マスデバリア・ビコロル
学名：Masd. bicolor

小型の着生植物。南アメリカ西部〜ベネズエラ北西部の標高400〜2,100mに分布。葉は長さ6〜13cm。花茎は直立し、長さ6〜13cm、2〜3花をつける。花は径1.5〜2cm。萼片の基部は円筒形。背萼片は黄緑色、側萼片は暗紫赤色。尾状部は黄緑色、長さ1〜3cm。花期は秋〜春。種形容語 *bicolor* は、ラテン語で「2色の」の意で、花色に因む。

マスデバリア・コッキネア

マスデバリア・イグネア

マスデバリア・ベヌスタ

●マスデバリア・コッキネア
学名：*Masd. coccinea*
着生植物。コロンビアの標高400～2,100mに分布。葉は長さ10～30cm。花茎は直立し、長さ25～60cm、1花をつける。花色は緋紅色、深赤色、紫紅色、黄色、白色など変異に富む。花は径約5cm。背萼片は針状で、後方に反り返る。花期は春。種形容語 *coccinea* は、ラテン語で「緋紅色の」の意で、花色に因む。

●マスデバリア・イグネア
学名：*Masd. ignea*
地生植物。コロンビアの標高2,600～3,800mに分布。葉は長さ12～20cm。花茎は直立し、長さ20～35cm、1花をつける。花は径約4cm、朱赤色で濃色の線が入る。背萼片は針状で、前方に曲がる。花期は冬～春。種形容語 *ignea* は、ラテン語で「焔色の」の意で、花色に因む。

●マスデバリア・ベヌスタ
学名：*Masd. venusta*
着生植物。ペルー北部の標高2,400～2,500mに分布。葉は長さ6～9cm。花茎は長さ13～25cm、1花をつける。花は径3～4cm、赤色地に濃赤色の線が入る。側萼片は長さ4～5cm。花期は春。種形容語 *venusta* は、ラテン語で「可憐な」の意で、花のイメージに因む。

マスデバリア属の人工交雑種

Masdevallia [略号：Masd.]

マスデバリア・エンジェル・フロスト'DアンドB'

◉ **マスデバリア・エンジェル・フロスト**
学名：*Masd.* Angel Frost
交雑親：*Masd. veitchiana*
　　　　× *Masd. strobelii*
登録：1982年　登録者：J & L. Orch.
花には軟毛が密生し、萼片の幅が広くで、丸みを帯びる。花期は冬～春。交雑親としても重要。写真は優良個体の'DアンドB'('D&B')。

マスデバリア・カッパー・エンジェル'オレンジ・サンセット'

◉ **マスデバリア・カッパー・エンジェル**
学名：*Masd.* Copper Angel
交雑親：*Masd. triangularis*
　　　　× *Masd. veitchiana*
登録：1982年　登録者：J & L. Orch.
花茎が多数生じて、花が株を覆う。耐暑性も強く、栽培しやすい強健種。花形はマスデバリア・トリアングラリスの性質を引き継ぎ三角形となる。花期は冬～春。写真は優良個体の'オレンジ・サンセット'('Orange Sunset')。

マスデバリア・リン・シャーロック'No.1'

◉ **マスデバリア・リン・シャーロック**
学名：*Masd.* Lyn Sherlock
交雑親：*Masd.* Bella Donna
　　　　× *Masd. coccinea*
登録：2001年　登録者：Paradise [NZ]
交雑親のマスデバリア・ベラドンナは祖先種がマスデバリア・コッキネア(171頁)で、さらにマスデバリア・コッキネアを交雑親としているため、同種の影響をよく引き継いでいる。写真は'No.1'('No.1')で、鮮やかな花色が魅力。

プレウロタリス属

Pleurothallis［略号：*Pths.*］

プレウロタリス属はメキシコ〜熱帯アメリカに1,000種以上が分布。属名 *Pleurothallis* は、古代ラテン語で「肋骨」と「枝」を意味する2語からなり、一見すると葉柄のような細い茎の先に葉がつくことに因む。タイプ種は *Pths. ruscifolius*。

プレウロタリス・マルタエ

◉ プレウロタリス・マルタエ
学名：*Pths. marthae*
着生植物。コロンビアに分布。茎は直立し、長さ15〜70cm、1葉をつける。葉は心状卵形、長さ15〜25cm、花は長さ約2cm、茎頂に数花をつける。唇弁は紅紫色、肉厚で長さ0.5cm。花期は春〜夏。種形容語 *marthae* は、本種を栽培したコロンビアのラン栽培家マルタ・ポサダ・デ・ロブレド（Martha Posada de Robledo）への献名。

◉ プレウロタリス・オクラビオイ
学名：*Pths. octavioi*
着生植物。コロンビア南部の標高1,500〜2,500mに分布。茎は直立し、長さ13〜22cm、1葉をつける。葉は狭卵形、長さ7〜8.5cm。花は明黄緑色、径約1cm、茎頂に数花つけ1花ずつ開花する。花期は夏。種形容語 *octavioi* は、本種の発見者オクタビオ（H. Octavio Ospina）への献名。

プレウロタリス・オクラビオイ

プレウロタリス・ティタン

◉ プレウロタリス・ティタン
学名：*Pths. titan*
着生植物。パナマ〜エクアドル北部の標高1,000〜1,300mに分布。茎は直立し、長さ20〜60cm、1葉をつける。葉は卵形、長さ20〜40cm。花は淡紅褐色〜黄色、径2.5cm、茎頂に数花つけ、1花ずつ開花する。花期は主に春。種形容語 *titan* は、古代ギリシア語でギリシア神話・ローマ神話に登場する巨人またはその一族のティーターン（Titan）により、本属中では大型種であることに由来する。

アキアンテラ属

Acianthera［略号：*Acia.*］

アキアンテラ属は、メキシコ～熱帯アメリカに約300種が分布。属名 *Acianthera* は古代ラテン語で「点」と「花」を意味し、尖った花粉塊に因む。タイプ種は *Acia. punctata*。

●アキアンテラ・プロリフェラ
学名：*Acia. prolifera*
異名：*Pleurothallis prolifera*

小型の岩生または地生植物。ベネズエラ南東部、ボリビア西部、ブラジル東部の標高1,300～1,600mに分布。茎は直立し、1葉をつける。数花を頂生する。花は小さく約0.5cm、濃紫赤色。花期はほぼ周年。種形容語 *prolifera* は、ラテン語で「多産の」の意。

レストレピア属

Restrepia［略号：*Rstp.*］

レストレピア属は、メキシコ～南アメリカ西部の約60種が分布。属名 *Restrepia* はコロンビアの自然誌研究家のレストレポ（J. E. Restrepo）への献名。タイプ種は *Rstp. antennifera*。

●レストレピア・アンテンニフェラ
学名：*Rstp. antennifera*

小型の着生植物。南アメリカ西部～ベネズエラの標高1,600～3,500mに分布。花茎は長さ3～8cm、1花をつける。花は淡黄褐色地に赤紫斑が入る。側花弁は細く触角状。種形容語 *antennifera* は、ラテン語で「触角をもった」の意で、側花弁の形状に因む。

レストレピエラ属

Restrepiella［略号：*Rpa.*］

レストレピエラ属は、フロリダ南部、メキシコ～コロンビア、ブラジル南東部に3～4種が分布。属名 *Restrepiella* はレストレピア属に似ることに因む。タイプ種は *Rpa. ophiocephala*。

●レストレピエラ・オフィオケファラ
学名：*Rpa. ophiocephala*

着生植物。フロリダ南部、メキシコ～コロンビアの標高40～1,600mに分布。花茎は短く1花をつける。花は半開性、長さ約2cm、軟毛を生じ、悪臭を放つ。花色は緑黄色地に赤紫色の細点が入る。花期は冬～春。種形容語 *ophiocephala* は、古代ギリシア語で「蛇の頭の」の意で、花形に因む。

ステリス属

Stelis [略号：Ste.]

ステリス属はフロリダ南部、メキシコ～熱帯アメリカに800種以上が分布。属名 *Steli* は、古代ラテン語で「ヤドリギ」の意で、樹木に着生する種が含まれることに因む。タイプ種は *Ste. ophioglossoides*。

● ステリス・タランチュラ
学名：*Ste. tarantula*　異名：*Pleurothallis tarantula*

着生植物。コロンビア～エクアドルの標高1,500～1,900mに分布。茎は直立し、長さ30～45cm、頂部に1葉をつける。葉は革質で、楕円形。葉の裏面に径約1cmの、黒色の毛で覆われた花を数個つける。花期はほぼ周年。種形容語 *tarantula* は、ラテン語で「タランチュラ」の意で、黒い花が毛むくじゃらのクモであるタランチュラに似ることに因む。

ステリス・タランチュラ　右上／花のアップ

ステリス・シリアリス

● ステリス・シリアリス
学名：*Ste. ciliaris*

小型の着生植物。メキシコ南部～熱帯アメリカ南部の標高1,800mまでに分布。茎は直立し、1葉を頂生する。葉は革質、長さ2～6cm。花茎は直立または弓状、多数の花をつける。花は栗色～紫色で、径約0.7cm。花期は春。種形容語 *ciliaris* は、ラテン語で「縁毛のある」の意で、萼片の縁に短毛が生じることに因む。

❖セッコク亜科・エピデンドルム連・プレウロタリス亜連　❖セッコク亜科・オニヤガラ連

ステリス・パキフィタ

◉ ステリス・パキフィタ
学名：Ste. pachyphyta
小型の着生植物。エクアドルの標高1,900〜2,100mに分布。茎は直立し、1葉を頂生する。葉は厚く革質で、広楕円形、長さ10〜15cm。花茎は直立し、多花をつける。花は約0.5cmと小さく、紫紅色。花期は秋〜冬。種形容語 pachyphyta は、古代ラテン語で「太い植物」の意で、厚みのある葉に因む。

ズートロフィオン属　Zootrophion［略号：Zo.］

ズートロフィオン属は熱帯アメリカに20種以上が分布。属名 Zootrophion は、古代ギリシア語で「動物園」の意で、花が動物の頭部に似ることに因む。タイプ種は Zo. atropurpureum。

◉ ズートロフィオン・アトロプルプレウム
学名：Zo. atropurpureum
小型の着生植物。大アンティル諸島（ジャマイカ、キューバなど）の標高400〜1,300mに分布。茎は長さ3〜5cm、1葉をつける。葉は革質、長さ3〜9cm。花茎は短く、1花をつける。花は長さ約1.5cm、暗紫色。花期は夏。種形容語 atropurpureum は、ラテン語で「黒紫色の」の意で、花色に因む。

ディディモプレキオプシス属　Didymoplexiopsis［略号：Dplx.］

ディディモプレキオプシス属は、中国・海南省〜インドシナに1種が分布する単型属。属名 Didymoplexiopsis は「ディディモプレキシス属（Didymoplexis）に似た」の意。

（タイ北部のルーイ県にて）

◉ ディディモプレキオプシス・キリーウォネンシス
学名：Dplx. khiriwongensis
地生植物。標高700〜800mの湿潤な常緑林に分布する菌従属栄養植物（7頁）。紡錘形の地下茎から短い茎を生じる。花茎は直立し、2〜4花をつける。花は白色で、径約2cm。種形容語 khiriwongensis は、「タイ南部のワット・キリーウォンの」の意。

176

❖セッコク亜科・ヤチラン連・セッコク亜科

マメヅタラン属 *Bulbophyllum* [略号：Bulb.]

マメヅタラン属は世界の熱帯〜亜熱帯を中心に2,000種以上が分布。属名 *Bulbophyllum* は、古代ギリシア語で「鱗茎」と「葉」を意味する2語からなり、偽鱗茎から葉を生じることに因む。タイプ種は *Bulb. nutans*。

●ブルボフィルム・アンプレブラクテアツム・カルンクラツム
学名：*Bulb. amplebracteatum* subsp. *carunculatum*
異名：*Bulb. carunculatum*

着生植物。スラウェシ島の標高800〜900mに分布。偽鱗茎は卵形、長さ5〜8cm、1葉をつける。花茎は長さ約45cm、数花をつけ、順次開花する。花は黄色で、肉質、腐臭を放って花粉を媒介するハエを誘う（下写真）。唇弁は紫褐色、肉厚で、微突起が多数ある。花期は夏〜秋。種形容語 *amplebracteatum* は、古代ラテン語で「苞に包まれた」の意。亜種形容語 *carunculatum* は、ラテン語で「へそのある」の意で、唇弁基部の突起に因む。

ブルボフィルム・アンプレブラクテアツム・カルンクラツム
右／背に花粉塊をつけたハエ

ブルボフィルム・アンブロシア

●ブルボフィルム・アンブロシア
学名：*Bulb. ambrosia*

岩生植物。ネパール〜中国南部、インドシナの標高300〜1,300mに分布。偽鱗茎は長さ3cm、1葉をつける。花茎は長さ7〜10cm、1〜2花をつける。花は径約2cm、白色地に褐紫色の筋が入る。花期は冬〜春。種形容語 *ambrosia* は、ラテン語で「神々の食物」の意で、本属としては珍しく甘い芳香を放つことに因む。

177

● **ブルボフィルム・アルファキアヌム**　学名：*Bulb. arfakianum*
着生植物。ニューギニアの標高50〜400mに分布。偽鱗茎は長さ約2.5cm、1葉をつける。花茎は長さ約14cm、1花をつける。花は長さ5cmで、背萼片が上から覆う。萼片は緑色地に栗色の網目紋が入る。花期はほぼ周年。種形容語 *arfakianum* は、自生地のアルファク山脈（ニューギニア北西部のバーズヘッド半島）に因む。

ブルボフィルム・アルファキアヌム

ブルボフィルム・バルビゲルム

● **ブルボフィルム・バルビゲルム**
学名：*Bulb. barbigerum*
小型の着生植物。熱帯アフリカ西部の標高900〜2,300mに分布。偽鱗茎は長さ1.5〜2.5cm、1葉をつける。花茎は長さ10〜14cm、10〜15花をつけ、基部から3〜4花ずつ開花する。花は径約2cm。唇弁は長さ約2cm、褐紫色の長毛を生じ、微風で揺れ動く。種形容語 *barbigerum* は、ラテン語で「髭のある」の意で、唇弁の長毛に因む。

オガサワラシコウラン

● **オガサワラシコウラン**
学名：*Bulb. boninense*
小型の着生植物。小笠原諸島に分布。偽鱗茎に1葉をつける。花茎は長さ15〜20cm、2〜5花を散形状につける。花は長さ約3.5cm、淡黄色地に赤紫色の細点。唇弁は黄色。花期は夏。種形容語 *boninense* は、ラテン語で「小笠原産の」の意で、自生地に因む。

ブルボフィルム・ディアヌム(タイ北部のルーイ県にて)

●ブルボフィルム・ディアヌム
学名：*Bulb. dayanum*

小型の着生植物。中国(雲南省)〜マレー半島の標高700〜1,300mに分布。偽鱗茎は長さ約2.5cm、1葉をつける。花茎は長さ約1.5cm、2〜5花を密につける。花は径約2cm、ふつう赤褐色。萼片と側花弁の縁には粗毛をつける。花期は春〜夏。種形容語 *dayanum* は、イギリスのラン愛好家デイ(J.Day)への献名。

ブルボフィルム・ディアレイ

●ブルボフィルム・ディアレイ
学名：*Bulb. dearei*

小型の着生または岩生植物。マレー半島〜フィリピンの標高700〜1,200mに分布。偽鱗茎は長さ3〜5cm、1葉をつける。花茎は長さ約15cm、1花をつける。花は径6〜7cm。萼片は前方に伸び、黄色地に赤色の筋と点が入る。花期は春。種形容語 *dearei* は、イギリスのラン愛好家で本種の発見者ディアレ(C.Deare)への献名。

ブルボフィルム・エキノラビウム

●ブルボフィルム・エキノラビウム
学名：*Bulb. echinolabium*

着生植物。スラウェシ島の標高600〜1,200mに分布。偽鱗茎は長さ4〜6cm、1花をつける。花茎は長さ40〜50cm、多花をつけ、1花ずつ開花する。花は大きく、長さ約40cm、赤褐色。萼片と側花弁は細長い。唇弁は長さ3.5〜5cm、ろう質で、基部は肉厚で微突起を多数つける。花期はふつう春〜秋。種形容語 *echinolabium* は、ラテン語で「ハリネズミ」と「舌」の意で、唇弁の微突起に因む。

ブルボフィルム・ファルカツム

●ブルボフィルム・ファルカツム
学名：*Bulb. falcatum*

着生ときに岩生植物。熱帯アフリカ西部～ケニア南西部の標高1,800mまでに分布。偽鱗茎は長さ2～5cm、2葉をつける。花茎は長さ10～14cm。花序は扁平、両側に花をつける。花は長さ約0.8cm、黄色地に赤紫色の小点を生じる。花期は春。種形容語 *falcatum* は、ラテン語で「鎌形の」の意で、花序の形に因む。

ブルボフィルム・フレッチェリアヌム

●ブルボフィルム・フレッチェリアヌム
学名：*Bulb. fletcherianum*

着生または岩生植物。偽鱗茎は長さ6～10cm、1葉をつける。葉は大きく多肉質で、長さ40～80cm。花茎は短く、4～5花をつける。花は長さ7～8cm。萼片の外側は暗紫色で、白色細点が入り、ざらつく。花期は春。種形容語 *fletcherianum* は、エジンバラ植物園のフレッチャー（H. R. Fletcher）への献名。

●ブルボフィルム・グランディフロルム　学名：*Bulb. grandiflorum*

着生植物。スラウェシ島～ニューギニアの標高100～800mに分布。偽鱗茎は長さ4～7cm、1葉をつける。花茎は長さ15～20cm、1花をつける。花は大きく、長さ約18cm、悪臭を放つ。萼片は黄色～褐色、半透明な白斑が入る。花期は周年。種形容語 *grandiflorum* は、ラテン語で「大きい花の」の意。

ブルボフィルム・グランディフロルム

ブルボフィルム・カオヤイエンセ(タイ北部のルーイ県にて)

ブルボフィルム・ロビー(タイ北部のルーイ県にて)

ブルボフィルム・メドゥーサエ

◉ ブルボフィルム・カオヤイエンセ
学名:*Bulb. khaoyaiense*

小型の着生または岩生植物。ネパール中部、中国(雲南)～タイの標高1,200～1,400mに分布。偽鱗茎は卵形、長さ1～2cm、1葉をつける。葉は花期には落葉する。花茎は直立または下垂し、長さ約10cm、5～6花をつける。花は長さ約4cm、褐黄色。花期は晩冬～春。種形容語 *khaoyaiense* は、タイのカオヤイ(Khao Yai)に因む。

◉ ブルボフィルム・ロビー
学名:*Bulb. lobbii*

着生植物。タイ、マレーシア、フィリピン、ボルネオの標高200～2,000mに分布。偽鱗茎は長さ3～6cm、1葉をつける。花茎は長さ12～18cm、1花をつける。花は径7～10cm、淡褐黄色地に紫褐色の筋と細点が入る。唇弁は微風でも揺り動く。花期は夏。種形容語 *lobbii* は、本種の発見者で、ヴィーチ商会のためにアジアで活動したトーマス・ロブ(T. Lobb)への献名。

◉ ブルボフィルム・メドゥーサエ
学名:*Bulb. medusae*

着生植物。タイ南部からマレー半島、スマトラ、ボルネオなどの標高0～400mに分布。偽鱗茎は長さ3～4cm、1葉をつける。花茎は斜上し、長さ15～20cm、多花を密につけ、払子(ほっす)を思わせる。花は淡黄白色地に赤紫色の細点が入る。糸状の側萼片は長さ12～15cm。カビ様の悪臭を放つ。花期は秋～冬。種形容語 *medusae* は、古代ラテン語で「女怪メドゥサに似た」の意で、花形に因む。メドゥサは、頭には髪のかわりにヘビが生える醜怪な容貌を持ち、これを見た人は石に化すといわれる。

ブルボフィルム・ファラエノプシス

● ブルボフィルム・ファラエノプシス
学名：*Bulb. phalaenopsis*

着生植物。ニューギニアの標高500mまでに分布。偽鱗茎は長さ5〜10cm、1葉をつける。葉は肉厚、長さ30〜70cm。花茎は短く、多花を密につける。花は長さ7〜8cm、紫黒色で、粗毛を密生し、強い悪臭を放つ。花期は春〜夏。種形容語 *phalaenopsis* は、「コチョウラン属（ファレノプシス属、202頁）に似た」の意で、葉がファレノプシス・ギガンテア（203頁）に似ることに因む。

● ブルボフィルム・プルプレオラキス
学名：*Bulb. purpureorhachis*

着生植物。アフリカ（コンゴ、カメルーンなど）に分布。偽鱗茎は長さ8〜12cm、2葉をつける。花茎は直立し、長さ15〜30cm。花序は扁平で、黒紫色、両側に多花をつけ、よじれる。花は長さ約1cm、緑黄色地に黒紫色の細点と筋が入る。花期は冬〜春。種形容語 *purpureorhachis* は、古代ギリシア語で「紫色の花序の」の意。花序の形態より、コブラオーキッドの名でも親しまれる。

ブルボフィルム・プルプレオラキス

ブルボフィルム・ロスチャイルディアナ

● ブルボフィルム・ロスチャイルディアナ
学名：*Bulb. rothschildianum*

着生植物。インド北部〜中国（雲南）、ミャンマー北部の標高0〜300mに分布。偽鱗茎は長さ3〜4cm、1葉をつける。花茎は長さ10〜20cm、先に数花を散形状につける。花は長さ10〜15cm、鮮赤紫色の斑点が入る。側萼片は幅広く、上部で合生し、表面には乳頭状突起が入る。花期は夏。種形容語 *rothschildianum* は、イギリスの銀行家でラン愛好家のウォルター・ロスチャイルド（W. Rothschild）への献名。

セッコク属の野生種 *Dendrobium*［略号：Den.］

セッコク属は熱帯〜温帯アジア、太平洋諸島、オセアニアに1,100種以上が分布。属名 *Dendrobium* は、古代ラテン語で「樹木」と「生命、生活」の2語からなる合成語で、本属の多くが着生植物であることに因む。タイプ種は *Den. moniliforme*。

●デンドロビウム・ノビレ
学名：*Den. nobile*　英名：noble dendrobium

着生または岩生植物。ネパール〜中国南部、インドシナの標高200〜2,000mに分布。茎は棒状、長さ30〜60cm。花茎は短く、落葉した茎の上部に生じ、2〜4花をつける。花は径5〜7cmで、ろう質、寿命が長い。花色は変異に富む。ふつう萼片と側花弁は淡桃色で先は紫色、唇弁は白色地に濃色の斑紋が入る。花期は春。種形容語 *nobile* は、ラテン語で「高貴な」の意で、高貴な花に因む。インド北東部のシッキム州の州花。

ジャン・ジュール・ランダン『ランダニア』第17巻（1901-1906）より

‖**オーキッド・トリビア**‖ デンドロビウム・ノビレはセッコク属の中で最もよく知られ、ノビル系交雑種（189頁）の基本交雑親である。また、薬用植物としても重要で、インド、スリランカ、ネパール、中国などでは伝統医学においてよく使用され、葉や茎の抽出物には、セスキテルペン系アルカロイドのデンドロビなどを含み、抗高血圧、解熱、鎮痛に効果を持つことが知られている。セッコク属には薬用植物として知られる種が多く、日本でも漢方ではホンセッコク（*Den. officinale*）、セッコク（187頁）などが強壮薬、健胃薬などの原基植物として使用されている。

デンドロビウム・ベラツルム(タイ北部のルーイ県にて)

デンドロビウム・ビッギブム

デンドロビウム・ブレニアヌム

デンドロビウム・クリソトクスム

●デンドロビウム・ベラツルム
学名：*Den. bellatulum*

小型の着生植物。ヒマラヤ東部～中国(雲南)、インドシナの標高700～2,100mに分布。茎は長さ3～10cm。花は上部の節に1～3花がつく。花は径約3.5cm、白色、柑橘系の芳香を放つ。唇弁は黄色。花期は春。種形容語 *bellatulum* は、ラテン語で「魅惑的な」の意。

●デンドロビウム・ビッギブム
学名：*Den. bigibbum*

着生植物。ニューギニア南部～オーストラリア・クイーンズランド州などの標高0～400mに分布。茎は長さ30～50cm。花茎は茎の上部より生じ、5～10花をつける。花は径4～6cm、寿命は長い。花期は夏～秋。種形容語 *bigibbum* は、ラテン語で「二つの突起がある」の意。デンファレ系交雑種(190頁)の基本交雑親。写真はやや小型となる変種コンパクツム(var. *compactum*)。

●デンドロビウム・ブレニアヌム
学名：*Den. bullenianum*

着生植物。フィリピンの標高1,000mまでに分布。茎は長さ25～60cm。花茎は落葉した節より生じ、多花を密につけて球状となる。花は径1.5～2cm、鮮やかな橙黄色。花期は春。種形容語 *bullenianum* は、イギリスのロー社のラン栽培を担当したブレン(Bullen)への献名。

●デンドロビウム・クリソトクスム
学名：*Den. chrysotoxum*

着生植物。ヒマラヤ東部～中国(雲南)、インドシナの標高400～1,600mに分布。茎は長さ15～30cm。花茎は上部の節より生じ、長さ15～20cm、下垂し、10～20花をつける。花は径4～5cm、光沢のある黄金色、有香。花期は初夏。種形容語 *chrysotoxum* は、古代ラテン語で「黄色の弓の」の意。

◉ デンドロビウム・カスバートソニイ
学名：*Den. cuthbertsonii*

小型の地生植物。ニューギニア～ビスマルク諸島の標高750～3,500mに分布。葉は長さ約1.5cm、表面にいぼ状突起がある。茎は長さ約1.5cm、上部に3～4葉をつける。花茎は茎状に生じ、1花をつける。花は径3～3.5cm、花色は朱赤色、桃紫色、黄色、白色など変異がある。花期は夏～秋。種形容語 *cuthbertsonii* は、イギリスのラン収集家カスバートソン（Cuthbertson）への献名。

デンドロビウム・カスバートソニイ

◉ デンドロビウム・ファーメリ
学名：*Den. farmeri*

着生植物。ヒマラヤ中部～マレー半島の標高150～1,000mに分布。茎は長さ20～40cm、上部に2～4葉をつける。花序は上部の節から生じ、下垂し、長さ15～30cm、15～30花を密につける。花は径約5cm。萼片と側花弁は白色～淡藤紫色、唇弁は黄色。花期は初夏。種形容語 *farmeri* は、カルカッタ植物園の監督者ファーマー（W. S. G. Farmer）への献名。

デンドロビウム・ファーメリ

◉ デンドロビウム・フィンブリアツム
学名：*Den. fimbriatum*

着生または岩生植物。茎は長さ80～100cm。花茎は落葉した茎上部の節から生じ、長さ20～30cm、下垂し、まばらに5～15花をつける。花は径約5cm、黄色、寿命は短命。唇弁の縁は細かく切れ込み、基部に栗色の斑紋が入る個体と入らない個体がある。斑紋が入る個体は、これまで変種（var. *oculatum*）として区別されていた。花期は春。種形容語 *fimbriatum* は、ラテン語で「縁毛で飾られた」の意で、唇弁の特徴に因む。

デンドロビウム・フィンブリアツム（タイ北部のルーイ県にて）

●デンドロビウム・インフンディブルム　学名：*Den. infundibulum*

着生植物。アッサム〜中国(雲南)、インドシナの標高200〜2,300mに分布。茎は長さ30〜100cm。花茎は茎上部の節から生じ、短く、2〜5花をつける。花は径6〜8cm、寿命は長い。萼片と側花弁は白色で、唇弁基部は緋色または黄色。花期は春〜初夏。種形容語 *infundibulum* は、ラテン語で「小さな漏斗形の」の意で、花形に因む。

デンドロビウム・インフンディブルム(タイ北部のルーイ県にて)

デンドロビウム・グロメラツム

●デンドロビウム・グロメラツム
学名：*Den. glomeratum*

着生植物。スラウェシ島〜モルッカ諸島の標高1,200m以上に分布。茎は長さ30〜50cm。花茎は落葉した茎上部の節から生じ、短く、3〜5花をつける。花は径約3cm、光沢のある明紅紫色。花期は春〜初夏。種形容語 *glomeratum* は、ラテン語で「球状の」の意で、花が球状に集まることに因む。

デンドロビウム・ローシイ

●デンドロビウム・ローシイ
学名：*Den. lawesii*

着生植物。ニューギニア〜ソロモン諸島の標高800〜2,000mに分布。茎は長さ20〜35cm。花茎は落葉した茎上部の節から生じ、短く、3〜10花を密につける。花は径1.5cm、長さ3cmほど、朱赤色〜濃紫赤色。花の寿命が長いため、ほぼ周年開花している。種形容語 *lawesii* は、イギリスの宣教師で、ラン収集家ローズ(Lawes)への献名。

● デンドロビウム・リツイフロルム
学名：*Den. lituiflorum*

着生植物。ヒマラヤ東部〜中国（雲南南西部・広西チワン族自治区西部）、インドシナの標高300m付近に分布。茎は長さ40〜60cmで下垂する。花茎は落葉した茎上部の節から生じ、短く、2〜5花つける。花は径6〜8cm。萼片と側花弁は淡紅色〜紫紅色、基部は淡色。唇弁の喉部は濃紫色〜栗色。花期は春。種形容語 *lituiflorum* は、ラテン語で「曲がった花序の」の意。

デンドロビウム・リツイフロルム（タイ北部のルーイ県にて）

● デンドロビウム・ロッディジェシイ
学名：*Den. loddigesii*

着生または岩生植物。中国南部〜インドシナの標高1,000〜1,500mに分布。茎は長さ10〜15cm、よく分枝する。花は上部の節に1花つき、径4〜5cm。萼片と側花弁は白色地に淡紅色を帯びる。唇弁は大きく、喉部は橙黄色。花期は早春。種形容語 *loddigesii* は、本種の初開花に成功したイギリスの園芸業者で、ラン収集家のロディジズ（G. Loddiges）への献名。

デンドロビウム・ロッディジェシイ

● セッコク　　学名：*Den. moniliforme*

着生または岩生植物。ヒマラヤ〜東アジアの標高800〜3,000mに分布。茎は長さ10〜40cm。花茎は落葉した茎上部の節から生じ、短く、1〜2花をつける。花は径2〜4cm、白色〜淡紅色、有香。花期は初夏。種形容語 *moniliforme* は、ラテン語で「ネックレス状の」の意で、茎の節に因む。東洋ランでは長生蘭（写真右）と呼ばれ、古典園芸植物として親しまれる。

セッコク

長生蘭

187

◉ デンドロビウム・モスカツム
学名：*Den. moschatum*

着生植物。ヒマラヤ〜中国(雲南)、インドシナの標高300〜900mに分布。茎は長さ90〜120cm。花茎は落葉した茎上部の節から生じ、長さ15〜20cm、下垂し、5〜10花をつける。花は径6〜8cm、橙黄色、有香。唇弁は巾着形になり、細毛を密生し、基部には栗色の斑紋が入る。花期は初夏。種形容語 *moschatum* は、ラテン語で「ジャコウの香りの」の意で、花の芳香に因む。

デンドロビウム・モスカツム

◉ デンドロビウム・プルケルム
学名：*Den. pulchellum*

着生植物。ネパール〜マレー半島の標高70〜2,200mに分布。茎は長さ90〜120cm。花茎は落葉した茎上部の節から生じ、長さ約15cm、弓状に伸び、5〜10花をつける。花は径6〜8cm、淡桃黄色。唇弁の基部には褐赤色の大きな斑紋が入る。花期は春。種形容語 *pulchellum* は、ラテン語で「美しい、愛らしい」の意で、美花に因む。

デンドロビウム・プルケルム(タイ北部のルーイ県にて)

◉ デンドロビウム・セニレ
学名：*Den. senile*

着生植物。ミャンマー、タイ、ラオスなどの標高200〜1,500mに分布。茎は長さ4〜12cm、白色の毛で覆われる。茎上部の節に1〜2花つける。花は径4〜5cm、黄色、柑橘系の芳香を放ち、寿命は長い。花期は春。種形容語 *senile* は、ラテン語で「白髭の」の意で、茎に生じる白色の毛に因む。

デンドロビウム・セニレ(タイ北部のルーイ県にて)

デンドロビウム・スペクタビレ

◉ **デンドロビウム・スペクタビレ**
学名：*Den. spectabile*
着生植物。ニューギニア～ニューカレドニアの標高300～500mに分布。茎は長さ30～60cm。花茎は長さ20～40cm、数～多花をつける。花は径7～8cm。萼片と側花弁の縁は波状、淡黄色～淡緑色地に栗色の点と脈が入る。花期は冬～春。種形容語 *spectabile* は、ラテン語で「壮観の」の意。

デンドロビウム・ヴィクトリア-レギナエ

◉ **デンドロビウム・ヴィクトリア-レギナエ**
学名：*Den. victoriae-reginae*
着生植物。フィリピンの標高1,300～2,700mに分布。茎は長さ25～60cm。落葉した茎上部の節に1～5花をつける。花は径3～4cm、紫青色、寿命が長い。花期はほぼ周年。種形容語 *victoriae-reginae* は、ラテン語で「ヴィクトリア女王の」の意で、発見当時のイギリス女王に因む。

セッコク属の人工交雑種　　*Dendrobium*［略号：*Den.*］

デンドロビウム・オーロラ・クイーン'アワユキ'

◉ **デンドロビウム・オーロラ・クイーン**
学名：*Den.* Aurora Queen
交雑親：*Den.* Pinky Super Smile
　　　　× *Den.* Sunny Smile
登録：2013年　登録者：J. Yamamoto
ノビル系交雑種。写真は優良個体の'アワユキ'（'Awayuki'）で、花被片の先が明るいラベンダーカラーとなる。

デンドロビウム・ハイライト'サンセット'

◉ **デンドロビウム・ハイライト**
学名：*Den.* Highlight
交雑親：*Den.* Kaguyahime
　　　　× *Den.* Oborozuki
登録：1979年　登録者：J. Yamamoto
ノビル系交雑種。写真は'サンセット'（'Sunset'）で、花被片の中心がオレンジ色を帯びた紅色、先が紅色となる。

デンドロビウム・エカポール'パンダ'

◉ デンドロビウム・エカポール
学名：*Den.* Ekapol
交雑親：*Den.* Lim Hepa
　　　　× *Den.* Tomie Drake
登録：1982年　登録者：P. Chittraphong
デンファレ系交雑種。写真は優良個体'パンダ'('Panda')で、側花弁と唇弁の先は白色地に鮮やかな赤色で、よく映える色合いである。

デンドロビウム・タネット・ストライプ

◉ デンドロビウム・タネット・ストライプ
学名：*Den.* Thanaid Stripes
交雑親：*Den.* Ted Darcie
　　　　× *Den.* Candy Stripe
登録：1987年　登録者：Yen Orch.
デンファレ系交雑種。萼片と側花弁は淡桃色地に濃桃色の筋が入る。唇弁の喉部は黄色。花上りがよい。

デンドロビウム・ガットン・サンレイ

◉ デンドロビウム・ガットン・サンレイ
学名：*Den.* Gatton Sunray
交雑親：*Den.* pulchellum × *Den.* Illustre
登録：1919年　登録者：Colman
特殊交雑種。交雑親のデンドロビウム・プルケルム（188頁）の形質をよく引き継いでいる。花は径8～10cm、黄色で、唇弁の喉部に褐色の斑紋が入る。花期は春～夏。

デンドロビウム・ニューギニア

◉ デンドロビウム・ニューギニア
学名：*Den.* New Guinea
交雑親：*Den.* macrophyllum
　　　　× *Den.* atroviolaceum
登録：1956年　登録者：Y. Inouye
特殊交雑種。花茎に約10花をつける。花は径約6cmで、淡黄色地に紫色の斑点が入る。唇弁基部には濃紫色の筋が多数入る。花期は春。

❖セッコク亜科・ヤチラン連・ヤチラン亜連

クモキリソウ属

Liparis［略号：*Lip.*］

クモキリソウ属は世界の熱帯～温帯に500種以上が分布。属名 *Liparis* は、古代ギリシア語で「光沢のある」の意で、光沢のある葉に因む。タイプ種は *Lip. loeselii*。

コクラン

リパリス・ヌタンス

スズムシソウ

●コクラン
学名：*Lip. nervosa*

小型の地生または岩生植物。日本（福島以南）、韓国（済州島）、台湾の標高500～1,800mに分布。偽鱗茎は長さ5～12cm、2～3葉をつける。葉は楕円形～卵形、葉脈に沿ってくぼむ。花茎は直立し、長さ15～30cm、数花をつける。花は長さ0.5～1cm、暗紫色。花期は夏。種形容語 *nervosa* は、ラテン語で「脈のある」の意で、葉脈に沿ったくぼみに因む。

●リパリス・ヌタンス
学名：*Lip. nutans*
異名：*Stichorkis nutans*

小型の着生または岩生植物。フィリピン南部に分布。偽鱗茎は1葉をつける。花茎は直立し、長さ約30cm、多花を密につける。花は径約1cm、赤褐色。花期は夏～冬。種形容語 *nutans* は、「曲がった」の意で、おそらく背萼片が曲がっていることに因む。

●スズムシソウ
学名：*Lip. suzumushi*

地生植物。韓国、日本に分布。偽鱗茎は長さ1～2.5cm、落葉性の葉を2枚つける。花茎は長さ15～30cm、多花をつける。花は径3cm、淡濁紫色。唇弁は幅広く、淡紅紫色で半透明。花期は初夏。種形容語 *suzumushi* は、「スズムシの」の意で、花がスズムシに似ることに因む。和名スズムシソウも同様で、唇弁がスズムシの雄の羽に似ることに因む。

191

❖セッコク亜科・サカネラン連　❖セッコク亜科・ポドキルス連

カキラン属

Epipactis [略号：*Epcts.*]

カキラン属はヨーロッパ、アジア、北アメリカの温帯～亜熱帯に70種以上が分布。属名 *Epipactis* は古代ギリシア語で「凝乳作用のある植物」を意味し、タイプ種の特性に因む。タイプ種は *Epcts. helleborine*。

● カキラン　学名：*Epcts. thunbergii*

小型の地生植物。極東ロシア～朝鮮、日本に分布。茎は直立、長さ30～70cm。花は総状に約10個がつく。花は径約2.5cm、黄褐色。花期は夏。種形容語 *thunbergii* は、スウェーデンの植物学者で日本にも滞在したツンベルク（C. P. Thunberg）への献名。

オオオサラン属

Eria [略号：*Er.*]

オオオサラン属は熱帯・亜熱帯アジア～太平洋諸島に約50種が分布。属名 *Eria* は古代ラテン語で「羊毛」の意で、葉や花茎に毛がある種に因む。タイプ種は *Er. javaniaca*。

● エリア・コロナリア　学名：*Er. coronaria*

小型の着生または岩生植物。ヒマラヤ～中国南部、インドシナの標高500～2,300mに分布。偽鱗茎は長さ7～20cm、2葉をつける。花茎は長さ約10cm、3～8花をつける。花は径3～4cm、白色。唇弁には赤紫色の筋が入る。花期は冬～春。種形容語 *coronaria* は、ラテン語で「花冠のような」の意で、唇弁に因む。

デンドロリリウム属

Dendrolirium [略号：*Ddlr.*]

デンドロリリウム属は中国南部～熱帯アジアに12種が分布。属名 *Dendrolirium* は、古代ラテン語で「樹木」と「ユリ」を意味する2語からなる。タイプ種は *Ddlr. ornatum*。

● デンドロリリウム・ラシオペタルム
学名：*Ddlr. lasiopetalum*

岩生植物。ヒマラヤ～中国、東南アジアなどの標高390～2,100mに分布。偽鱗茎は長さ約7cm、3～4葉をつける。花茎は長さ20～30cm、白毛を生じ、約10花をつける。花は径約3cm、緑黄色。萼片裏面は白毛で覆われる。唇弁には暗紫色の斑紋が入る。花期は夏。種形容語 *lasiopetalum* は、古代ラテン語で「長軟毛のある花弁の」の意。

（タイ北部のルーイ県にて）

ケラトスティリス属

Ceratostylis [略号: *Css.*]

ケラトスティリス属は、熱帯〜亜熱帯アジア〜太平洋諸島西部に約150種が分布。属名 *Ceratostylis* は古代ラテン語で「角」と「柱」を意味する2語からなり、ずい柱の先端が尖ることに因む。タイプ種は *Css. graminea*。

◉ ケラトスティリス・レティスクアマ
学名: ***Css. retisquama***

着生植物。フィリピンの標高500m以上に分布。茎は分枝し、長さ約25cm。葉は多肉で、長さ9〜12cm。花茎は頂生し、1花をつける。花は径2.5〜3cm、赤橙色。花期は年数回。種形容語 *retisquama* は、ラテン語で「ネット」と「鱗のような」を意味する2語からなり、葉基部の苞に因む。

メディオカルカル属

Mediocalcar [略号: *Med.*]

メディオカルカル属はインドネシア〜太平洋諸島西部に16〜17種が分布。属名 *Mediocalcar* は、ラテン語で「中央」と「距」を意味する2語からなり、唇弁の中央に突起があることに因む。タイプ種は *Med. paradoxum*。

メディオカルカル・デコラツム

◉ メディオカルカル・デコラツム
学名: ***Med. decoratum***

小型の着生植物。ニューギニアの標高900〜2,500mに分布。匍匐茎でマット状に広がる。偽鱗茎は長さ0.5〜2cm、3〜4葉をつける。花茎は長さ0.3〜0.7cm、1花をつける。花は萼片基部が合生して、ほぼ球形となり、径0.6cm、赤橙色。花期は春。種形容語 *decoratum* は、ラテン語で「魅力的な」の意。

◉ メディオカルカル・フェルステーフィ
学名: ***Med. versteegii***

小型の着生植物。モルッカ諸島〜バヌアツの標高800〜2,000mに分布。匍匐茎でマット状に広がる。偽鱗茎は短く、円筒状の茎を頂生する。葉は節に2葉つける。花茎は短く、1花をつける。花は径約0.8cm、基部が紅色、先は白色。花期は晩冬〜秋。種形容語 *versteegii* は、オランダ人探検家フェルステーフ（W. Versteeg）への献名。

メディオカルカル・フェルステーフィ

ピナリア属   *Pinalia*［略号：*Pina.*］

ピナリア属は熱帯・亜熱帯アジア〜太平洋諸島南西部に約100種が分布。属名 *Pinalia* は、フランス人植物学者のピナル（C. Pinal）への献名。タイプ種は *Pina. spicata*。

● ピナリア・アミカ
学名：*Pina. amica*　異名：*Eria amica*
小型の着生植物。ヒマラヤ〜中国（雲南）、台湾の標高600〜2,200mに分布。偽鱗茎は紡錘形〜円筒形、長さ3.5〜14cm、1〜3葉をつける。花茎は長さ3〜7cm、6〜10花をつける。花は径1.5cm、芳香を放つ。萼片と側花弁は淡黄色地に赤い脈が入り、先は黄色。唇弁には赤い斑紋が入る。花期は春。種形容語 *amica* は、ラテン語で「愛らしい」の意で、可愛い花に因む。

ピナリア・アミカ　右／花のアップ（ともにタイ北部のルーイ県にて）

ピナリア・スピカタ（タイ北部のルーイ県にて）

● ピナリア・スピカタ
学名：*Pina. spicata*　異名：*Eria spicata*
着生または岩生植物。ヒマラヤ〜中国（雲南）、インドシナの標高800〜2,800mに分布。偽鱗茎は円筒状または紡錘形、長さ3〜16cm、2〜4葉をつける。花茎は長さ3〜5cm、密に多花をつける。花は径0.8〜1cm、白色で、唇弁の先は黄色。花期は夏。種形容語 *spicata* は、ラテン語で「穂状の」の意で、花序に因む。

❖セッコク亜科・ソブラリア連

ソブラリア属 *Sobralia* [略号：*Sob.*]

ソブラリア属はメキシコ〜熱帯アメリカ南部に約140種が分布。属名 *Sobralia* は、スペインの医師で植物学者のソブラル（F. Sobral）への献名。タイプ種は *Sob. dichotoma*。

◉ ソブラリア・マクランタ
学名：*Sob. macrantha*　英名：large-flowered sobralia

地生まれに着生植物。メキシコ〜中央アメリカの標高90〜3,400mに分布。草姿はイネ科のヨシ（*Phragmites australis*）に似る。茎は直立し、細く、長さ2mに達し、葉を互生につける。花茎は頂生し、数花をつけ、1花ずつ開花する。花は径11〜15cm、芳香がある。萼片と側花弁は紅紫色。唇弁の喉部は黄色〜白色、先は濃紅色。花の寿命が短く、1日で枯れ、完全に開花した状態はわずか2〜3時間とされる。花期は周年。種形容語 *macrantha* は、古代ラテン語で「大きい花」の意で、花が大きいことに因む。

ソブラリア・マクランタ
左／『カーティス・ボタニカル・マガジン』第75号（1849）より

ソブラリア・クサントレウカ

◉ ソブラリア・クサントレウカ
学名：*Sob. xantholeuca*

着生または岩生植物。メキシコ〜ホンジュラスの標高800〜1,600mに分布。茎は長さ150〜180cm。花茎は頂生し、短く、1花をつける。花は径15〜20cm、有香。萼片と側花弁は黄色、唇弁喉部は濃色。花期は夏。種形容語 *xantholeuca* は、古代ラテン語で「黄白色の」の意で、花色に因む。

195

❖セッコク亜科・ヒスイラン連・エリデス亜連

アカンペ属

Acampe [略号:*Acp.*]

アカンペ属はアフリカ、インド、中国、東南アジア、インド洋の島々に7〜10種が分布。属名 *Acampe* は、古代ギリシア語で「硬い」の意で、葉の特徴に因む。タイプ種は *Acp. rigida*。

アカンペ・リギダ

● **アカンペ・リギダ**　学名:*Acp. rigida*
着生または岩生植物。熱帯・亜熱帯アジアの標高300〜800mに広く分布。茎は硬く、長さ30cm以上。葉は硬く革質で、長さ15〜45cm。花茎は分枝し、密に多花をつける。花は椀形、径1.5〜2cm。萼片と側花弁は黄色地に赤紅色の横縞文様が入り、唇弁は白色で紫紅色の斑点が入る。花期は夏。種形容語 *rigida* は、ラテン語で「硬い」の意で、葉の特徴に因む。近年、アカンペ・プラエモルサの変種(*Acp. praemorsa* var. *longepedunculata*)とされることがある。

エイムジエラ属

Amesiella [略号:*Ame.*]

エイムジエラ属はフィリピン諸島に3種が分布。属名 *Amesiella* は、ハーバード大学の植物学者エームス(O. Ames)への献名。タイプ種は *Ame. philippinensis*。

エイムジエラ・フィリピネンシス

● **エイムジエラ・フィリピネンシス**
学名:*Ame. philippinensis*
着生植物。フィリピンの標高400〜1,400mに分布。茎は短く、数葉を2列につける。花茎は長さ約4cm、数花をつける。花は径約5cm、肉厚、芳香を放つ。萼片と側花弁は純白色、唇弁の中央は黄色を帯びる。距は長さ約4〜6cmで、湾曲する。花期は冬〜春。種形容語 *philippinensis* は、ラテン語で「フィリピン産の」の意で、原産地に因む。

フィリピンナゴラン属　　　　　　　　　　*Aerides*［略号：*Aer.*］

フィリピンナゴラン属は熱帯・亜熱帯アジアに約30種が分布。属名 *Aerides* は、古代ラテン語で「空気」と「〜のような」を意味する2語からなり、着生植物に因む。タイプ種は *Aer. odorata*。

エリデス・ロレンセアエ　右／花のアップ

● エリデス・ロレンセアエ
学名：*Aer. lawrenceae*

着生植物。フィリピン諸島の標高500m以上に分布。茎は長さ1m以上になることがある。花茎は下垂し、長さ30〜40cm、多花をつける。花は径4〜5cm、白色地に鮮紅紫色の斑紋が入り、有香。花期は秋。種形容語 *lawrenceae* は、新種記載当時のイギリスの王立園芸協会会長ローレンス(T. Lawrence)の妻に因む。

エリデス・オドラタ（マレーシアにて）

● エリデス・オドラタ
学名：*Aer. odorata*

着生植物。中国（雲南西部、広東）〜熱帯アジアの標高200〜2,000mに分布。茎は長さ10〜45cm。花茎は下垂し、長さ25〜35cm、多花をつける。花は径2.5〜3.5cm、通常白色地に先が紫紅色となり、スパイシーな芳香を放つ。花期は通常は秋。種形容語 *odorata* は、ラテン語で「芳香の」の意で、花の香りに因む。

アラクニス属の人工交雑種 　　　　　　　*Arachnis*［略号：*Arach.*］

アラクニス属はヒマラヤ中部〜東南アジア、南西諸島、インドネシア、フィリピン諸島、ニューギニアなどに約20種が分布。属名 *Arachnis* は古代ラテン語で「クモ」の意で、花形に因む。タイプ種は *Arach. flos-aeris*。

'レッド・リボン'

● アラクニス・マギー・オエイ
学名：*Arach.* Maggie Oei
交雑親：*Arach. hookeriana*
　　　　× *Arach. flos-aeris*
登録：1950年　登録者：CJ. Laycock
萼片と側花弁は細長く、栗色の横縞の縞斑が入る。写真は'レッド・リボン'('Red Ribbon')。

カシノキラン属 　　　　　　　　　　*Gastrochilus*［略号：*Gchls.*］

カシノキラン属は熱帯・亜熱帯アジアに50種以上が分布。属名 *Gastrochilus* は、古代ラテン語で「胃」と「唇弁」を意味する2語からなり、唇弁基部がふくれて半球状〜椀状となることに因む。タイプ種は *Gchls. calceolaris*。

● カシノキラン　学名：*Gchls. japonicus*
小型の着生植物。韓国、台湾、香港、日本の標高200〜2,000mに分布。茎は下垂し、長さ1〜4cm。花茎は長さ約2cm、多花を密につける。花は径1〜1.5cm。萼片と側花弁は黄色地に赤褐色の斑点が入る。唇弁は白色で中央が黄色、基部は袋状。花期はふつう夏。種形容語 *japonicus* は、ラテン語で「日本産の」の意。

ディモルフォルキス属 *Dimorphorchis*［略号:*Dimo.*］

ディモルフォルキス属はパプアニューギニア、インドネシア、マレーシア、ソロモン諸島、ブルネイに11種が分布。属名 *Dimorphorchis* は、古代ギリシア語で「二つの」「形」「ラン」の3語からなる合成語で、同じ花茎に異形の花をつけることに因む。タイプ種は *Dimo. lowii*。

● ディモルフォルキス・ローイ　学名:*Dimo. lowii*

着生植物。ボルネオの標高0～1,800mに分布。茎は長さ90～150m以上に伸びる。花茎は下垂し、長さ1.5～3m、多花をつける。花は2形ある。基部の花（写真奥）は黄色で芳香がある。先の花（写真手前）は赤褐色の斑点があり、ほとんど香りはない。花期は秋～初冬。種形容語 *lowii* は、イギリスの博物学者で、本種の発見者ヒュー・ロー（H. Low）への献名。

ディモルフォルキス・ローイ（花には手前と奥の2形がある）
左／ロバート・ワーナー『ラン類精選図譜第2集』図4（1865）より

● ディモルフォルキス・ロシイ　学名:*Dimo. rossii*

ディモルフォルキス・ロシイ　左／基部の花　右／先の花

着生植物。ボルネオの標高300～1,200mに分布。茎は長さ50～200m。花茎は下垂し、長さ50～80cm、まばらに数花つける。基部の花（左）は明黄色で基部に褐色点が入る。先の花（右）は黄白色で全体に小点が入る。花期は夏。種形容語 *rossii* は、アメリカのラン愛好家で、本種の再発見者ロス（Ross）への献名。

ディアキア属

Dyakia [略号：*Dy.*]

ディアキア属はボルネオに1種が分布する単型属。属名 *Dyakia* はボルネオ島の先住民ダヤク族（Dyak または Dayak）に因む。

●ディアキア・ヘンダーソニア
学名：*Dy. hendersoniana*
異名：*Ascocentrum hendersonianium*

小型の着生植物。ボルネオの標高500〜800mに分布。茎は長さ10〜15cm。花茎は直立し、長さ10〜15cm、密に20〜40花をつける。花は長さ約2.5cm。萼片と側花弁は鮮紅色、唇弁と距は白色。花期は夏。種形容語 *hendersoniana* は、イギリスの園芸業者ヘンダーソン（Henderson）への献名。

ホルコグッロスム属

Holcoglossum [略号：*Holc.*]

ホルコグッロスム属は、アッサム〜台湾、インドシナに20種以上が分布。属名 *Holcoglossum* は古代ラテン語で「紐」と「舌」の2語からなる合成語で、唇弁の後ろから突出する距の形に因む。タイプ種は *Holc. quasipinifolium*。

●ホルコグッロスム・アウリクラツム
学名：*Holc. auriculatum*

着生植物。中国（雲南南東部）〜インドシナの標高2,300m付近に分布。茎は短く、多くの葉をつける。葉は肉厚で、ほぼ棒状、長さ20〜25cm。花茎は分枝して、弓状に伸び、多花をつける。花は径3〜4cm、白色で、唇弁喉部は橙色。花期は春〜夏。種形容語 *auriculatum* は、ラテン語で「耳状の」の意。

上／花のアップ（左・上ともにタイ北部のルーイ県にて）

パピリオナンテ属の野生種 *Papilionanthe*［略号：*Ple.*］

パピリオナンテ属はインド〜東南アジア、マレー諸島に10種が分布。属名 *Papilionanthe* は、古代ギリシア語で「蝶」と「花」の2語からなる合成語で、花がチョウに似ることに因む。タイプ種は *Ple. teres*。

◉ パピリオナンテ・テレス
学名：*Ple. teres*　異名：*Vanda teres*
着生植物。茎は棒状で、基部で分枝する。葉は棒状で、長さ15〜20cm。花茎は長さ15〜30cm、3〜6花をつける。花は径5〜10cm。萼片と側花弁はふつう淡桃紫色、唇弁は濃色。花期は春〜夏。種形容語 *teres* は、ラテン語で「円柱形の」の意で、茎葉の形に因む。

パピリオナンテ属の人工交雑種 *Papilionanthe*［略号：*Ple.*］

◉ パピリオナンテ・ミス・ジョアキム
学名：*Ple.* Miss Joaquim
異名：*Vanda* Miss Joaquim
交雑親：*Ple. teres* × *Ple. hookeriana*
登録：1893年　登録者：Ridley
花は径約5cmで、淡い紅色。強光を好む。シンガポールの国花。

パラファレノプシス属 *Paraphalaenopsis*［略号：*Pps.*］

パラファレノプシス属はボルネオに4種が分布。属名 *Paraphalaenopsis* は、古代ラテン語で「ファレノプシス属に似る」の意。タイプ種は *Pps. denevei*。

◉ パラファレノプシス・ラブケンシス
学名：*Pps. labukensis*
着生植物。ボルネオ北部の標高500〜1,000mに分布。茎は長さ約3cmと短く、3〜5葉をつける。葉は棒状。花茎は長さ6〜8cm、5〜6花をつける。花は径約6cm、シナモン臭がある。萼片と側花弁は褐紫色で、黄色の斑点がある。花期は春。種形容語 *labukensis* は、原産地のラブク川（Labuk River）に因む。

コチョウラン属の野生種

Phalaenopsis [略号：*Phal.*]

コチョウラン属は熱帯・亜熱帯アジア〜オーストラリア北東部に70種以上が分布。属名 *Phalaenopsis* は、古代ラテン語で「蛾に似た」の意で、花形に因む。タイプ種は *Phal. amabilis*。茎は短く、偽鱗茎はない。

ファレノプシス・アマビリス（右下とも）
上／『カーティス・ボタニカル・マガジン』第86巻（1860）より

●ファレノプシス・アマビリス
学名：*Phal. amabilis*
英名：white moth orchid

着生植物。オーストラリア北部、ニューギニア、フィリピンなどの標高600m以上に分布。葉は光沢があり、長さ20〜40cm。花茎は長さ50〜100cm、弓状に伸び、しばしば分枝し、まばらに10〜20花をつける。花は径7〜10cm、白色。唇弁は黄色地に赤色斑点が入り、先は2本のひげ状突起となる。花期は冬〜春。種形容語 *amabilis* は、ラテン語で「愛らしい」の意。白色大輪系交雑種の交雑親として重要。インドネシアの国花。

●ファレノプシス・アフロディテ
学名：*Phal. aphrodite*
異名：*Phal. amabilis* var. *aphrodite*

着生植物。台湾〜フィリピンの標高0〜1,000mに分布。花茎は50〜80cm、弓状に伸び、10数花をつける。花は径6〜7cm、白色。ファレノプシス・アマビリスの近縁種で、やや小さい特徴がある。花期は冬〜春。種形容語 *aphrodite* は、古代ギリシア語で愛と美と性を司るギリシア神話の女神アフロディーテに因む。白色大輪系交雑種の交雑親として重要。

ファレノプシス・アフロディテ

●ファレノプシス・アンボイネンシス
学名：*Phal. amboinensis*

着生植物。インドネシア（スラウェシ島〜モルッカ諸島）に分布。花茎は弓状に伸び、長さ約45cm、数花をつける。花は径4〜5cm、白色〜黄色地に赤褐色の横縞が入る。花期はふつう夏。種形容語 *amboinensis* は、インドネシア・モルッカ諸島のアンボン島（Amboin Island）の意で、原産地に因む。

ファレノプシス・アンボイネンシス

●ファレノプシス・ギガンテア
学名：*Phal. gigantea*

着生植物。ボルネオの標高0〜400mに分布。葉は大きく、肉厚の革質、長さ50cm以上、幅約20cmで、下垂する。花茎は下垂し、長さ30〜40cm、密に多花をつける。花は肉厚、ろう質で、径約5cm、緑黄色〜白色地に栗色の斑紋が入る。花期は秋。種形容語 *gigantea* は、古代ラテン語で「巨大な」の意で、植物体が大きいことに因む。

ファレノプシス・ギガンテア

●ナゴラン
学名：*Phal. japonica*
異名：*Sedirea japonica*

小型の着生植物。日本、朝鮮半島、中国（雲南西部、浙江）の標高600〜1,400mに分布。花茎は下垂し、ときに分枝し、長さ10〜25cm、数〜多花をつける。花は径約3cm、淡緑黄色、柑橘系の芳香を放つ。側萼片と唇弁には紫紅色の斑点が入る。花期は夏。種形容語 *japonica* は、ラテン語で「日本の」の意で、原産地に因む。和名は本種が最初に発見された沖縄県名護市に因む。

ナゴラン

203

ファレノプシス・リュデマニアナ

● **ファレノプシス・リュデマニアナ**
学名：*Phal. lueddemanniana*
着生植物。フィリピンの標高100m以下に分布。花茎は弓状、まれに分枝し、数花をつける。花は、肉厚、ろう質、径5〜6cm。花色は変異に富むが、ふつう白色〜黄白色地に紫紅色の横縞が入る。花期は春。種形容語 *lueddemanniana* は、本種の初開花に成功したフランスのラン栽培家リュデマン（M. Lueddemann）への献名。

ファレノプシス・マリアエ

● **ファレノプシス・マリアエ**
学名：*Phal. mariae*
着生植物。ボルネオ〜フィリピン諸島の標高600m付近に分布。花茎は長さ約30cm、分枝し、数〜多花をつける。花は径3〜5cm、白色または黄白色地に栗褐色の大きな斑点が入る。花期は春〜夏。種形容語 *mariae* は、本種を発見したバービッジ（Frederick William Burbidge）の妻（Mary Burbidge）に因む。

● **ファレノプシス・プルケリマ**
学名：*Phal. pulcherrima*
異名：*Doritis pulcherrima*
岩生植物。花茎は直立し、長さ20〜80cm、10〜20花をつけ、下から順に開花する。葉は肉厚で硬く、2列に互生する。花は径2〜4cm、淡桃色〜深紫紅色、唇弁はより濃色。花期は秋〜冬。種形容語 *pulcherrima* は、ラテン語で「最も美しい」の意で、花の美しさに因む。桃色系交雑種の交雑親として重要。

ファレノプシス・プルケリマ　右／花のアップ
（ともにタイ北部のルーイ県にて）

ファレノプシス・サンデリアナ

◉ ファレノプシス・サンデリアナ
学名 : *Phal. sanderiana*
着生植物。フィリピン南部の標高0〜500mに分布。花茎は弓状、ときに分枝し、長さ約80cm、多花をつける。花は径5〜8.5cm、白色地に淡桃色を帯びる。唇弁基部の両側には巻きひげ状突起がある。花期は冬〜秋。種形容語 *sanderiana* は、イギリスのラン研究家サンダー（H. F. C. Sander）への献名。

ファレノプシス・シレリアナ

◉ ファレノプシス・シレリアナ
学名 : *Phal. schilleriana*
着生植物。フィリピンの標高0〜450mに分布。葉表面は暗緑色地に銀灰色の斑紋が入り、美しい。花茎は弓状、分枝し、長さ約90cm以上、多花をつける。花は径約6cm、淡桃色。唇弁は白色〜紫紅色、唇弁基部の両側には錨状突起がある。花期は春。種形容語 *schilleriana* は、本種の初開花に成功したドイツのラン愛好家シラー（C. Schiller）への献名。大輪系交雑種の交雑親として重要。

コチョウラン属の遺伝子組換え植物 *Phalaenopsis*［略号:*Phal.*］

◉ ファレノプシス・ブルージーン®
学名 : *Phal.* Blue Gene®
登録：2023年　登録者：O/U
遺伝子組換えによりツユクサ科のツユクサ（*Commelina communis*）の青色遺伝子を、ファレノプシス・ウェディング・プロムナード（206頁）に導入した世界初の青花コチョウラン。形態はファレノプシス・ウェディング・プロムナードのまま、花色だけが変化している。2022年6月から販売されている。生物の細胞から有用な性質を持つ遺伝子を取り出し、植物などの細胞の遺伝子に組み込み、新しい性質をもたせることを遺伝子組換えという。

コチョウラン属の人工交雑種　*Phalaenopsis*［略号：*Phal.*］

ファレノプシス・ハッピー・ビビアン'チュンリー'

● ファレノプシス・ハッピー・ビビアン
学名：*Phal.* Happy Vivien
交雑親：*Phal.* Happy Sheena
　　　　× *Phal.* Sogo Vivien
登録：2005年　登録者：Shiina Yoran-en
小型のコチョウランで、多くの花を株いっぱい咲かせる銘花。写真は'チュンリー'（'Chunli'）。

ファレノプシス・ジュバオ・エンジェル'アラカキ'

● ファレノプシス・ジュバオ・エンジェル
学名：*Phal.* Jiuhbao Angel
交雑親：*Phal.* Acker's Sweetie
　　　　× *Phal.* Mount Lip
登録：2011年
登録者：Jiuh Bao Biotech.
花被片は白色地に基部が桃色斑紋、縁部には濃紫紅色の条線や斑が入る。写真は'アラカキ'（'Arakaki'）。

ファレノプシス・リトル・マリー'チェリー・ソング'

● ファレノプシス・リトル・マリー
学名：*Phal.* Little Mary
交雑親：*Phal.* Mary Tuazon
　　　　× *Phal.* equestris
登録：1986年　登録者：R. Takase
花は径約5cm、花色は桃色、濃桃色、濃紫紅色など多様。少輪多花性交雑種の先駆けとなった銘花。写真は'チェリー・ソング'（'Cherry Song'）。

ファレノプシス・ウェディング・プロムナード

● ファレノプシス・ウェディング・
　プロムナード
学名：*Phal.* Wedding Promenade
交雑親：*Phal.* Cosmetic Art
　　　　× *Phal.* equestris
登録：1989年　登録者：Dogashima
花は径約6cmで、桃色系中輪タイプの代表的交雑種。丈夫で栽培しやすい。

レナンテラ属の野生種　　*Renanthera* [略号：Ren.]

レナンテラ属は中国南部〜熱帯アジアに20数種が分布。属名 *Renanthera* は、古代ラテン語で「腎臓」と「葯」を意味する2語からなり、花粉塊の形に因む。タイプ種は *Ren. coccinea*。

レナンテラ・ベラ

● **レナンテラ・ベラ**
学名：*Ren. bella*
着生植物。ボルネオ北部の標高400〜1,200mに分布。茎は長さ20〜50cm、上部に葉をつける。花茎はやや下垂し、長さ30〜50cm、ときに分枝し、13〜25花をつける。花は長さ約6cm。萼片と側花弁は深紅色の斑が大きく入る。花期は冬〜夏。種形容語 *bella* は、ラテン語で「美麗な」の意で、花の美しさに因む。

レナンテラ・モナキカ

● **レナンテラ・モナキカ**
学名：*Ren. monachica*
着生植物。フィリピン（ルソン島）の標高500m以上に分布。茎は長さ50cm以上、上部に数葉をつける。花茎は直立または弓状、ときに分枝し、長さ20〜40cm、まばらに多花をつける。花は径2.5〜3.5cm、黄色地に赤色の斑点が入る。花期は晩冬〜春。種形容語 *monachica* は、スペイン語で「かわいい女の子」の意。

レナンテラ・フィリピネンシス

● **レナンテラ・フィリピネンシス**
学名：*Ren. philippinensis*
異名：*Ren. storiei* var. *philippinensis*
着生植物。フィリピンのマングローブ湿地帯に分布。茎は長さ40〜80cm。花茎は水平に伸び、長さ30〜50cm、分枝し、多花をつける。花は長さ約3cm、緋赤色、かすかに香る。花期は夏。種形容語 *philippinensis* は、ラテン語で「フィリピン産の」の意で、原産地に因む。

レナンテラ属の人工交雑種 *Renanthera* [略号：*Ren.*]

●レナンテラ・ブルーキー・チャンドラー
学名：*Ren.* Brookie Chandler
交雑親：*Ren. monachica* × *Ren. storiei*
登録：1950年　登録者：J. P. Russell
本属の代表的交雑種。花茎は斜上し、分枝して、多花をつける。花は径2～3cm。花色は朱赤色、濃赤色、紅赤色地に濃色の斑点が入る。

リンコスティリス属の野生種 *Rhynchostylis* [略号：*Rhy.*]

リンコスティリス属はインド、スリランカ～フィリピンに4種が分布。属名 *Rhynchostylis* は、古代ギリシア語で「嘴」と「ずい柱」を意味する2語からなり、タイプ種のずい柱が嘴状であることに因む。タイプ種は *Rhy. retusa*。

●リンコスティリス・ギガンテア
学名：*Rhy. gigantea*
着生植物。ミャンマー、マレー半島、タイから中国、フィリピンの標高0～700mに分布。茎は長さ10～20cm。花茎は弓状または下垂し、長さ20～35cm、多花を密につける。花は径2.5～3.5cm、白色地に紫紅色の斑点が入る。花期は冬。種形容語 *gigantea* は、古代ラテン語で「巨大な」の意。様々な花色の個体が知られる。

リンコスティリス属の人工交雑種 *Rhynchostylis* [略号：*Rhy.*]

●リンコスティリス・コーカラッド
学名：*Rhy.* Chorchalood
交雑親：*Rhy. gigantea* × *Rhy. retusa*
登録：1970年　登録者：Yaemboonchoo
形態は片親のリンコスティリス・ギガンテア（上記）に似る。花茎は下垂し、40～50花をつける。写真は'オルキス'('Orchis')は、紫紅色の斑紋が大きく入る。

リンコスティリス・コーカラッド'オルキス'

クモラン属

Taeniophyllum［略号：*Tae.*］

クモラン属は、アフリカ、熱帯・亜熱帯アジア〜太平洋諸島に約200種が分布。属名 *Taeniophyllum* は古代ラテン語で「細長い一切れ」と「葉」を意味する2語からなるが、葉ではなく、根の形状に因む。タイプ種は *Tae. glandulosum*。

(タイ北部のルーイ県にて)

● クモラン
学名：*Tae. glandulosum*

小型の着生植物。ヒマラヤ、中国〜韓国、日本、東南アジアなどの標高185〜1,100mに分布。ほぼ無茎で、葉はない。根は長さ2〜3cmで光合成を行う。花茎に1〜4花をつける。花は淡緑白色、長さ2〜3mm。花期は夏。種形容語 *glandulosum* は、ラテン語で「腺のある」の意。和名は根を放射状に広げる様子をクモに見立てた。

ニュウメンラン属

Trichoglottis［略号：*Trgl.*］

ニュウメンラン属は、南西諸島〜フィリピンに約85種が分布。属名 *Trichoglottis* は古代ラテン語で「毛」と「舌」を意味する2語からなり、唇弁に毛が生じることに因む。タイプ種は *Trgl. retusa*。

トリコグロッティス・アトロプルプレア

● トリコグロッティス・アトロプルプレア
学名：*Trgl. atropurpurea*
異名：*Trgl. brachiata*

着生植物。フィリピンの標高0〜300mに分布。茎は直立、分枝し、長さ40〜90cm。花茎は短く、1花をつける。花は径3〜4.5cm、有香。萼片と側花弁は濃紫色、唇弁は紅紫色で中央に白色毛を生じる。花期は夏〜秋。種形容語 *atropurpurea* は、ラテン語で「暗紫色の」の意で、花色に因む。

● トリコグロッティス・フィリピネンシス
学名：*Trgl. philippinensis*

着生植物。フィリピンとボルネオの標高100〜300mに分布。前種に近縁。茎は直立、分枝し、長さ40〜90cm。花茎は短く、1花をつける。花は径約3cm、有香。萼片と側花弁は黄褐色または黄色地に褐色斑が入り、唇弁は白色、先に毛を生じる。花期は春〜夏。種形容語 *philippinensis* は、ラテン語で「フィリピン産の」の意。

トリコグロッティス・フィリピネンシス

ヒスイラン属の野生種

Vanda [略号：*V.*]

ヒスイラン属は熱帯・亜熱帯アジア～太平洋諸島北西部に約80種が分布。日本にもコウトウヒスイラン（*V. lamellata*）1種が自生。属名 *Vanda* は、サンスクリット語で「着生する」の意で、着生植物であることに因む。タイプ種は *V. tessellata*。

● バンダ・コエルレア

学名：*V. coerulea*　和名：ヒスイラン　英名：blue orchid

着生植物。ボルネオ北部、南西諸島、台湾南部～フィリピン諸島、マリアナ諸島の標高800～1,700mに分布。茎は長さ50～150cm。花茎は直立または斜上、長さ20～60cm、5～15花をつける。花は径7～10cm。萼片と側花弁は淡～濃青色地に、濃色の網目があるかまたはない。唇弁はより濃い青色。花期は秋。種形容語 *coerulea* は、ラテン語で「青色の」の意で、花色に因む。和名、英名ともに花色に因む。

ロバート・ワーナー『ラン類精選図譜第1集』第18図（1862）より

‖ **オーキッド・トリビア** ‖ バンダ・コエルレアは、ラン科の中で希少な青色種で、交雑親として重要である。イギリスの植物学者ウィリアム・グリフィス（W. Griffith）によって、1837年に東インドで発見され、1847年に新種として記載され、一大センセーションを巻き起こした。イギリスのプラントハンターのトーマス・ロブ（T. Lobb）は本種をイギリスに導入し、1850年12月に初開花に成功した。日本には明治30年代に渡来した。また、薬用植物としても注目されている。花の搾汁を原料とする点眼薬は、緑内障や白内障の治療に用いられる。また、抽出液が皮膚の老化防止に効果があることが示唆されている。アーユルヴェーダでは、鎮静やストレス解消に効果があるとされる。

バンダ・ブルンネア（タイ北部のルーイ県にて）

● バンダ・ブルンネア
学名：*V. brunnea*

着生植物。中国（雲南省）、ミャンマー、タイ、ベトナムの標高800〜2,000mに分布。茎は長さ20〜40cm。葉は2列に密につき、長さ15〜25cm、湾曲し、革質。花茎は斜上し、長さ10〜25cm、まばらに3〜5花をつける。花は径4cm、濁黄緑色地に濃褐色の網目模様が入り、唇弁は淡黄白色。花期は春〜夏。種形容語 *brunnea* は、ラテン語で「濃褐色の」の意で、花色に因む。

バンダ・コエレスティス

● バンダ・コエレスティス
学名：*V. coelestis*
異名：*Rhynchostylis coelestis*

着生植物。タイ、ラオス、カンボジア、ベトナムの標高350〜1,200mに分布。茎は長さ5〜20cm、10葉以上が密につく。花茎は直立し、長さ10〜20cm、密に多花をつける。花は径約1.5cm、有香、白色で先が青色。距は円筒状で、先が下方に曲がる。花期は夏〜秋。種形容語 *coelestis* は、ラテン語で「青色の」の意で、花色に因む。

バンダ・クルビフォリア

● バンダ・クルビフォリア
学名：*V. curvifolia*
異名：*Ascocentrum curvifolium*

着生植物。インド、ラオス、ミャンマー、タイなどの標高0〜700mに分布。茎は長さ約25cm。葉は2列に密につき、外側に湾曲する。花茎は直立、長さ15〜25cm、密に多花をつける。花は径約2cm、橙赤色。花期は初夏。種形容語 *curvifolia* は、ラテン語で「曲がった葉の」の意で、湾曲する葉に因む。赤色交雑種の交雑親として重要。

バンダ・デニソニアナ（タイ北部のルーイ県にて）

● バンダ・デニソニアナ
学名：*V. denisoniana*
着生植物。ミャンマー、タイの標高750〜850mに分布。茎は長さ10cm以上、密に多葉をつける。花茎は長さ15〜20cm、5〜8花をつける。花は径4〜5cm、白色〜淡い色、有香。花期は春。種形容語 *denisoniana* は、イギリスのラン愛好家デニソン女史（I. E. A. Denison）に因む。

フウラン

● フウラン
学名：*V. falcata*
異名：*Neofinetia falcata*
着生植物。中国〜温帯東アジアの標高1,600m以下に分布。茎は長さ1〜6cm。花茎は長さ3〜10cm、2〜5花をつける。花は白色、芳香があり、距は長さ3.5〜5cm。花期は初夏。種形容語 *falcata* は、ラテン語で「鎌状の」の意で、葉形に因む。江戸時代から愛好される伝統園芸植物のひとつで、富貴蘭と呼ばれる。

● コウトウヒスイラン
学名：*V. lamellata*
着生植物。ボルネオ、南西諸島、台湾〜フィリピンなどの低地に分布。茎は長さ7〜40cm。花茎は長さ20〜30cm、5〜15花をつける。花は肉厚で、径2.5〜3cm。萼片と側花弁は淡黄色地に栗褐色の斑紋が入り、唇弁は紅紫色。花期は冬。種形容語 *lamellata* は、ラテン語で「ひれ状突起がある」の意で、唇弁の突起に因む。

コウトウヒスイラン

バンダ・ルゾニカ

● バンダ・ルゾニカ
学名：*V. luzonica*
着生植物。フィリピン・ルソン島の標高500m付近に分布。茎は長さ100〜150cm、分枝する。花茎は長さ約40cm、まばらに10〜25花をつける。花は径4〜6cm、有香。萼片と側花弁は白色地に紫紅色の斑紋が不規則に入り、唇弁は深紅色地に濃紫色の線が入る。花期は主として春。種形容語 *luzonica* は、ラテン語で「ルソン島産の」の意。

バンダ・ミニアタ

◉ バンダ・ミニアタ
学名：*V. miniata*
異名：*Ascocentrum miniatum*
小型の着生植物。ベトナム、タイ〜マレー半島、ジャワの標高0〜1,200mに分布。茎は長さ6〜15cm、数葉を2列に密につける。花茎は長さ10〜20cm、多花を密につける。花は径約1cm、黄色〜赤橙色。花期は春〜初夏。種形容語 *miniata* は、ラテン語で「朱赤色」の意で、花色に因む。

バンダ・サンデリアナ

◉ バンダ・サンデリアナ
学名：*V. sanderiana*
異名：*Euanthe sanderiana*
着生植物。ミンダナオ島の低地に分布。茎は長さ50〜100cm。花茎は長さ約30cm、5〜10花をつける。花は径約5cm、有香。背萼片と側花弁は淡紅色で基部に紫紅色の斑点、側萼片は褐黄色で紫紅色の網目模様と不規則な斑点が入る。唇弁は濁褐紫色。花期は秋。種形容語 *sanderiana* は、イギリスのラン研究家サンダー（H. F. C. Sander）への献名。

バンダ・スアビス

◉ バンダ・スアビス
学名：*V. suavis*
異名：*V. tricolor* var. *suavis*
着生植物。ジャワ〜バリ島などの標高700〜1,600mに分布。茎は100cmに達することがある。花茎は斜上し、長さ25〜40cm、6〜12花をつける。花は径5〜7.5cm、有香。萼片と側花弁は白色地に鮮赤紫色〜深紅紫色の斑点が入る。花期は秋。種形容語 *suavis* は、ラテン語で「快い」の意。

ヒスイラン属の人工交雑種　　　　　　　*Vanda*［略号：*V.*］

バンダ・ネイビー・ブルー

◉ バンダ・ネイビー・ブルー
学名：*V.* Navy Blue
異名：× *Ascocenda* Navy Blue
交雑親：*V.* Erika Reuter × *V. coerulea*
登録：1972年　登録者：U. Hirisatja
花色に交雑親のバンダ・コエルレア（210頁）の影響を引き継いでいる。

バンダ・パポン

◉ バンダ・パポン
学名：*V.* Papon
異名：× *Ascocenda* Papon
交雑親：*V.* Tanu Gold
　　　　× *V.* Suksamran Spots
登録：2005年　登録者：P. Chindavat
交雑親の祖先種バンダ・サンデリアナ（213頁）の影響を強く引き継いでいる。

バンダ・スク・スムラン・ビューティー

◉ バンダ・スク・スムラン・ビューティー
学名：*V.* Suk Sumran Beauty
異名：× *Ascocenda* Suk Sumran Beauty
交雑親：*V.* Gordon Dillon
　　　　× *V.* Yip Sum Wah
登録：1983年　登録者：S. Oun-Anong
花色には交雑親の祖先種バンダ・クルビフォリア（211頁）の影響を引き継いでいる。

バンダ・ツインクル

◉ バンダ・ツインクル
学名：*V.* Twinkle
異名：× *Ascofinetia* Twinkle
交雑親：*V. falcata* × *V. miniata*
登録：1960年　登録者：Masao Yamada
草姿はフウラン（212頁）の、花色はバンダ・ミニアタ（213頁）の影響を引き継いでいる。

❖セッコク亜科・ヒスイラン連・エリデス亜連　❖バンダ類の人工属

バンドプシス属

Vandopsis［略号：*Vdps.*］

バンドプシス属はバングラデシュ〜中国南部、ニューギニアに数種が分布。属名 *Vandopsis* は、ヒスイラン属（*Vanda*）に似ていることに因む。タイプ種は *Vdps. lissochiloides*。

バンドプシス・ギガンテア

◉ バンドプシス・ギガンテア
学名：*Vdps. gigantea*
着生植物。バングラデシュ〜中国（雲南、広西）、マレー半島の標高800〜1,700mに分布。茎は長さ約30cm、数葉をつける。葉は肉厚で、長さ30〜60cm。花茎は下垂し、長さ30〜45cm、まばらに6〜18花をつける。花は肉厚で、径6〜7cm。萼片と側花弁は黄色地に赤銅色の不規則な斑紋が入る。花期は春〜夏。種形容語 *gigantea* は、古代ラテン語で「巨大な」の意。

バンドプシス・リッソキロイデス

◉ バンドプシス・リッソキロイデス
学名：*Vdps. lissochiloides*
着生または地生植物。タイ、ラオス、ニューギニア〜フィリピンの低地に分布。茎は長さ100〜200cmに達する。花茎は長さ200〜250cm、12〜30花をつけ、長期にわたって順次開花する。花は径5〜7cm。萼片と側花弁は黄色地に赤紫色の斑紋が入る。花期は夏。種形容語 *lissochiloides* は、ラテン語で「リッソキルス属（*Lissochilus*）」に似たの意。

パピリオナンダ属

×*Papilionanda*［略号：*Pda.*］

パピリオナンダ属は、2属間交雑（*Papilionanthe*×*Vanda*）により作出された人工属。

'リディア'

◉ パピリオナンダ・パトリシア・ロー
学名：*Pda.* Patricia Low
交雑親：*Ple.* Josephine van Brero
　　　　× *V.* Jennie Hashimoto
登録：1961年　登録者：T. M. A.
交雑親の祖先種にバンダ・サンデリアナ（213頁）とパピリオナンテ・テレス（201頁）が使用されている。写真は優良個体の'リディア'（'Lydia'）。

❖バンダ類の人工属　❖セッコク亜科・ヒスイラン連・アングレクム亜連

バンダコスティリス属　　　×*Vandachostylis*［略号：*Van.*］

バンダコスティリス属は、2属間交雑（*Rhynchostylis*×*Vanda*）により作出された人工属。

'ニュー・スター'

◉ バンダコスティリス・ピンキー
学名：*Van.* Pinky
交雑親：*V. falcata* × *Rhy. gigantea*
登録：1990年　登録者：Mas. Kobayashi
交雑親のフウラン（212頁）の影響により、低温に強くなり、芳香を放つ。花つきもよい。写真は'ニュー・スター'（'New Star'）。白色地に紅色の斑紋が美しい。

エランギス属　　　*Aerangis*［略号：*Aergs.*］

エランギス属は熱帯・南アフリカ～スリランカに約50種が分布。属名 *Aerangis* は古代ラテン語で「空気」と「容器」を意味する2語からなり、距があることに因む。タイプ種は *Aergs. brachycarpa*。

◉ エランギス・ルテオアルバ・ロドスティクタ
学名：*Aergs. luteoalba* var. *rhodosticta*
小型の着生植物。熱帯アフリカ～エチオピア南部の標高1,250～2,200mに分布。茎は短く、2～10葉をつける。花茎は弓状または下垂し、長さ7～25㎝、多花をつける。花は径2.5～3㎝、白色～黄色で、ずい柱は緋色で目立つ。花期は秋～春。種形容語 *luteoalba* は、ラテン語で「黄白色の」の意で、花色に因む。

エランテス属　　　*Aeranthes*［略号：*Aerth.*］

エランテス属はジンバブエ～インド洋諸島に40種以上が分布。属名 *Aeranthes* は古代ラテン語で「空気」と「花」を意味する2語からなり、着生植物であることに因む。タイプ種は *Aerth. grandiflora*。

◉ エランテス・グランディフロラ
学名：*Aerth. grandiflora*
着生植物。マダガスカル、コモロの標高0～1,200mに分布。茎はごく短く、5～7葉をつける。花茎は下垂し、長さ10～30㎝、1～2花をつける。花は径6～7㎝と株のわりに大きく、緑白色。花期は夏～冬。種形容語 *grandiflora* は、ラテン語で「大きな花の」の意。

アングレクム属 *Angraecum* [略号：*Angcm.*]

アングレクム属は熱帯・南アフリカ、マダガスカル〜スリランカに220種以上が分布。属名 *Angraecum* は、マレー語で「ラン」の意。タイプ種は *Angcm. eburneum*。

ロバート・ワーナー『オーキッド・アルバム』図518（1887）より

キサントパンスズメガ

●アングレクム・セスクイペダレ
学名：*Angcm. sesquipedale*
英名：Darwin's orchid

着生植物。マダガスカル東部の標高0〜100mに分布。茎は長さ1m以上になることがあり、上部に多数の葉をつける。花茎は短く、2〜6花をつける。花は大きく、星形、径14〜18cm、肉厚、ろう質で、乳白色、ジャスミン様の芳香を放つ。距は長く、下垂し、長さ30〜35cm。花期は冬。種形容語 *sesquipedale* は、ラテン語で「1フィート半（約45cm）」の意で、長い距に因む。

‖**オーキッド・トリビア**‖ アングレクム・セスクイペダレの最も目を引く形質は、唇弁の基部から伸びている距で、底部に花蜜を蓄えている。また、特に夜間に芳香を放ち、白色に花は夜間に最も目立つ。進化論で有名なダーウィン（C. R. Darwin）は、キュー王立植物園に導入されたこのランを見て、蜜を吸うための長い口吻を持つスズメガの1種が、夜になると香りに誘われて飛来し、花粉を媒介しているに違いないと予言した（1862年）。41年後の1903年、口吻が30cmもあるスズメガの1種であるキサントパンスズメガ（上左写真）が発見され、このランの唯一の花粉媒介者と考えられたが、長い間、実際に花粉を媒介する様子を観察されることはなかった。約90年後、赤外線写真（1993〜1997年）とビデオ（2004年）により、ついにダーウィンの予言は正しかったことが証明された（Ardittiら, 2012）。

●アングレクム・エブルネウム
学名：*Angcm. eburneum*

着生植物。マダガスカル、マスカレン諸島、コモロ諸島、東アフリカの標高0～750mに分布。茎は長さ1m以上。花茎は斜上し、長さ1m以上、15～30花を2列につける。花は径6～8cm、白緑色、肉厚、ろう質で、芳香を放つ。唇弁は長さ約3.5cm、白色。距は長さ6～7cm。花期は冬。種形容語 *eburneum* は、ラテン語で「象牙色」の意で、花色に因む。

アングレクム・エブルネウム

●アングレクム・ロンギカルカル
学名：*Angcm. longicalcar*
異名：*Angcm. eburneum var. longicalcar*

岩生植物。マダガスカル中部の標高1,000～2,000mに分布。アングレクム・エブルネウムの近縁種。花茎は直立～斜上し、長さ80cm以上、8～12花をつける。花はアングレクム・エブルネウムによく似るが、距が長さ約40cmにも達する特徴がある。夜間に芳香を放つ。花期は冬。種形容語 *longicalcar* は、ラテン語で「長い距をもつ」の意。ごく限られた地域にのみ自生が確認されておらず、自然下での結実がみられないことから花粉媒介者と考えられる蛾の仲間の絶滅が想定され、本種も絶滅が危惧されている。

アングレクム・ロンギカルカル

●アングレクム・スッコティアヌム
学名：*Angcm. scottianum*

着生植物。コモロ諸島の標高350～600mに分布。茎は斜上または下垂し、長さ20～60cm。花茎は斜上し、長さ6～10cm、1～2花をつける。花は径約5cm。萼片と側花弁は淡黄色から白色に変わり、唇弁は白色。花期は秋。種形容語 *scottianum* は、イギリスのラン愛好家で、本種をコモロ諸島から導入したスコット(R. Scott)への献名。

アングレクム・スッコティアヌム

ジュメレア属 *Jumellea*［略号：*Jum.*］

ジュメレア属は、ケニア〜南アフリカ、インド洋諸島に約60種が分布。属名 *Jumellea* はフランスの植物学者ジュメル（H. Jumelle）への献名。タイプ種は *Jum. recurva*。

● ジュメレア・アラクナンタ
学名：*Jum. arachnantha*

着生植物。コモロ諸島、マダガスカル中部に標高1,200〜1,800mに分布。茎は短く、多葉を2列につける。花茎は斜上し、長さ10〜15cm、1花をつける。花は径5〜6cm、白色。距は糸状で、長さ5〜7cm。花期は冬〜春。種形容語 *arachnantha* は、古代ラテン語で「クモに似た花の」の意。

オエオニエラ属 *Oeoniella*［略号：*Oenla.*］

オエオニエラ属は、インド洋諸島に2種が分布。属名 *Oeoniella* は古代ギリシア語で近縁のオエオニア属（*Oeonia*）に似ることに因む。タイプ種は *Oenla. polystachys*。

● オエオニエラ・ポリスタキス
学名：*Oenla. polystachys*

着生植物。マダガスカルと近隣諸島に分布。茎は直立し、長さ7〜50cm。花茎は長さ約15cm、7〜12花を2列につける。花は径約3.5cm、白色、有香。距は長さ約0.6cm。花期は冬。種形容語 *polystachys* は、古代ギリシア語で「多くの」と「穂」に因み、花茎が多いことによる。

ポダンギス属 *Podangis*［略号：*Pod.*］

ポダンギス属は、熱帯アフリカに2種が分布。属名 *Podangis* は古代ラテン語で「足」と「容器」を意味する2語からなり、距が足の形のようであることに因む。タイプ種は *Pod. dactyloceras*。

● ポダンギス・ダクティロケラス
学名：*Pod. dactyloceras*

着生ときに岩生植物。熱帯アフリカ西部〜アンゴラ、タンザニアの標高750〜1,950mに分布。茎はごく短い。花茎は直立し、多花をつける。花は径0.7〜0.8cm、半透明な白色。距は長さ1〜1.5cm。種形容語 *dactyloceras* は、古代ギリシア語で「指状の距」の意で、距の形に因む。

❖セッコク亜科・ヒスイラン連・ポリスタキア亜連

ポリスタキア属　　　　　　　　　*Polystachya* [略号：*Pol.*]

ポリスタキア属は広く熱帯・亜熱帯に150～200種が分布。属名 *Polystachya* は、古代ラテン語で「多い」と「穀物の穂」を意味する2語からなり、花序がコムギの穂に似ることに因む。タイプ種は *Pol. concreta*。

ポリスタキア・クラレアエ

◉ **ポリスタキア・クラレアエ**
学名：*Pol. clareae*
小型の着生または地生植物。マダガスカル北部・中部の標高700～1,500mに分布。偽鱗茎は円柱状で、頂部に3～6葉をつける。花茎は長さ約18cm、3分枝し、多花をつける。花は唇弁が上向きに咲き、径0.5～0.7cm、鮮やかな赤橙色。唇弁には黄色の毛がある。花期は夏～秋。種形容語 *clareae* は、本種を採集したハーマンス(J. Hermans)の妻クラレ(Clare)に因む。

ポリスタキア・ネオベンサミア

◉ **ポリスタキア・ネオベンサミア**
学名：*Pol. neobenthamia*
異名：*Neobenthamia gracilis*
地生または岩生植物。タンザニア東部の標高380～2,000mに分布。茎は細く、直立、分枝し、長さ80～200cm。花茎は長さ約10cm、密に多花をつけ、ときに3～7分枝する。花は径2～2.5cm、有香。萼片と側花弁は白色、唇弁は白色地に中央は黄色、両側に赤色斑が入る。花期は冬～春。種形容語 *neobenthamia* は、イギリスの植物学者ベンサム(G. Bentham)への献名。

学名索引

A

Acampe rigida　196
Acianthera prolifera　174
Acineta chrysantha　129
Acineta superba　129
Ada aurantiaca（異）　100
Aerangis luteoalba
　var. rhodosticta　216
Aeranthes grandiflora　216
Aerides lawrenceae　197
Aerides odorata　197
× Aliceara Donald Halliday
　125
× Aliceara Eurostar　125
Amesiella philippinensis　196
Anacamptis morio
　subsp. longicornu　45
Anacamptis papilionacea　45
Ancistrochilus rothschildianus
　61
Angraecum eburneum　218
Angraecum eburneum
　var. longicalcar（異）　218
Angraecum longicalcar　218
Angraecum scottianum　218
Angraecum sesquipedale　217
Anguloa cliftonii　86
Anguloa clowesii　86
Anguloa uniflora　86
× Angulocaste Apollo　93
× Angulocaste Symphony　93
Anoectochilus roxburghii　34
Ansellia africana　84
Arachnis Maggie Oei　198
Arpophyllum giganteum　140
Arundina graminifolia　52
× Ascocenda Navy Blue（異）
　214
× Ascocenda Papon（異）　214
× Ascocenda
　Suk Sumran Beauty（異）　214

Ascocentrum curvifolium（異）
　211
Ascocentrum
　hendersonianium（異）　200
Ascocentrum miniatum（異）
　213
× Ascofinetia Twinkle（異）
　214
Aspasia lunata　103

B

Baptistonia echinata（異）　105
Barkeria lindleyana　141
Barkeria skinneri　141
Bifrenaria aureofulva　87
Bifrenaria harrisoniae　87
Bifrenaria inodora　87
Bifrenaria tyrianthina　88
Bletilla striata　52
Bothriochilus bellus（異）　139
Brassavola acaulis　142
Brassavola cucullata　142
Brassavola digbyana（異）　164
Brassavola glauca（異）　164
Brassavola nodosa　142
Brassia arcuigera　100
Brassia aurantiaca　100
Brassia caudata　100
Brassia Chuck Hanson　101
Brassia longissima（異）　100
Brassia pascoensis　101
Brassia verrucosa　101
× Brassidium
　Pagan Lovesong　125
× Brassocattleya
　Morning Glory　165
Broughtonia sanguinea　140
Bulbophyllum ambrosia　177
Bulbophyllum amplebracteatum
　subsp. carunculatum　177

Bulbophyllum arfakianum
　178
Bulbophyllum barbigerum
　178
Bulbophyllum boninense　178
Bulbophyllum carunculatum
　（異）　177
Bulbophyllum dayanum　179
Bulbophyllum dearei　179
Bulbophyllum echinolabium
　179
Bulbophyllum falcatum　180
Bulbophyllum fletcherianum
　180
Bulbophyllum grandiflorum
　180
Bulbophyllum khaoyaiense
　180
Bulbophyllum lobbii　180
Bulbophyllum medusae　180
Bulbophyllum phalaenopsis
　182
Bulbophyllum
　purpureorhachis　182
Bulbophyllum
　rothschildianum　182

C

Caladenia falcata　37
Caladenia filifera　37
Caladenia flava　37
Calanthe citrina（異）　63
Calanthe discolor　62
Calanthe Dominyi　65
Calanthe izu-insularis　62
Calanthe Kozu　65
Calanthe masuca（異）　64
Calanthe obcordata　63
Calanthe puberula　63
Calanthe reflexa（異）　63
Calanthe rubens　63

Calanthe sieboldii（異）⋯⋯ 63
Calanthe striata ⋯⋯ 63
Calanthe sylvatica ⋯⋯ 64
Calanthe Takane ⋯⋯ 65
Calanthe tricarinata ⋯⋯ 64
Calanthe triplicata ⋯⋯ 64
Calanthe vestita ⋯⋯ 64
Catasetum atratum ⋯⋯ 68
Catasetum expansum ⋯⋯ 68
Catasetum macrocarpum ⋯ 67
Catasetum pileatum ⋯⋯ 68
Catasetum saccatum ⋯⋯ 69
Catasetum tenebrosum ⋯⋯ 69
Catasetum viridiflavum ⋯ 69
Cattleya aclandiae ⋯⋯ 144
Cattleya alaorii ⋯⋯ 144
Cattleya amethystoglossa ⋯ 144
Cattleya Blue Pearl ⋯⋯ 151
Cattleya cernua ⋯⋯ 144
Cattleya coccinea ⋯⋯ 145
Cattleya crispata ⋯⋯ 145
Cattleya dowiana ⋯⋯ 146
Cattleya forbesii ⋯⋯ 145
Cattleya gaskelliana ⋯⋯ 146
Cattleya granulosa ⋯⋯ 146
Cattleya harpophylla ⋯⋯ 147
Cattleya intermedia ⋯⋯ 147
Cattleya labiata ⋯⋯ 143
Cattleya loddigesii ⋯⋯ 147
Cattleya lueddemanniana ⋯ 147
Cattleya lundii ⋯⋯ 148
Cattleya maxima ⋯⋯ 148
Cattleya mossiae ⋯⋯ 148
Cattleya nobilior ⋯⋯ 149
Cattleya Platinum Sun ⋯ 151
Cattleya purpurata ⋯⋯ 149
Cattleya schilleriana ⋯⋯ 149
Cattleya schroederae ⋯⋯ 150
Cattleya Special Field ⋯⋯ 151
Cattleya tenebrosa ⋯⋯ 150
Cattleya Tropical Sunset ⋯ 151
Cattleya walkeriana ⋯⋯ 150
Cattleya wittigiana ⋯⋯ 150
× *Cattlianthe* Fabingiana
⋯⋯ 165

Caularthron bicornuta ⋯⋯ 152
Cephalantheropsis obcordata
（異）⋯⋯ 63
Ceratostylis retisquama ⋯⋯ 193
Chysis bractescens ⋯⋯ 138
Chysis Langleyensis ⋯⋯ 138
Cirrhaea dependens ⋯⋯ 129
Clowesia Jumbo Grace ⋯ 70
Clowesia rosea ⋯⋯ 70
Clowesia russelliana ⋯⋯ 70
Cochleanthes discolor（異）⋯ 136
Cochlioda noezliana（異）⋯ 115
Cochlioda rosea（異）⋯⋯ 116
Cochlioda vulcanica（異）⋯ 117
Coelia bella ⋯⋯ 139
Coelogyne brachyptera ⋯⋯ 53
Coelogyne chinensis ⋯⋯ 57
Coelogyne cobbiana ⋯⋯ 56
Coelogyne cristata ⋯⋯ 53
Coelogyne flaccida ⋯⋯ 54
Coelogyne glumacea ⋯⋯ 56
Coelogyne imbricata ⋯⋯ 57
Coelogyne Intermedia ⋯ 55
Coelogyne massangeana（異）
⋯⋯ 55
Coelogyne mooreana ⋯⋯ 54
Coelogyne pandurata ⋯⋯ 54
Coelogyne speciosa ⋯⋯ 54
Coelogyne tomentosa ⋯⋯ 55
Coelogyne usitana ⋯⋯ 55
Coelogyne virescens（異）⋯ 53
Coelogyne wenzelii ⋯⋯ 56
Comparettia ignea ⋯⋯ 102
Comparettia macroplectron
⋯⋯ 102
Comparettia speciosa ⋯⋯ 102
Coryanthes leucocorys ⋯⋯ 130
Coryanthes verrucolineata
⋯⋯ 130
Corybas carinatus ⋯⋯ 36
Cremastra appendiculata ⋯ 139
Cryptostylis arachnites ⋯⋯ 39
Cuitlauzina pulchella ⋯⋯ 103
Cyanicula gemmata ⋯⋯ 38
Cycnoches egertonianum ⋯ 71

Cycnoches pentadactylon ⋯ 71
Cycnoches ventricosum ⋯ 72
× *Cycnodes* Taiwan Gold ⋯ 73
Cymbidiella pardalina（異）
⋯⋯ 85
Cymbidium Alexanderi ⋯⋯ 80
Cymbidium aloifolium ⋯⋯ 75
Cymbidium bicolor ⋯⋯ 75
Cymbidium dayanum ⋯⋯ 75
Cymbidium devonianum ⋯ 76
Cymbidium
Dorothy Stockstill ⋯⋯ 81
Cymbidium
Eburneo-lowianum ⋯ 80
Cymbidium eburneum ⋯⋯ 76
Cymbidium ensifolium ⋯⋯ 76
Cymbidium erythraeum ⋯⋯ 76
Cymbidium erythrostylum
⋯⋯ 77
Cymbidium floribundum ⋯ 77
Cymbidium goeringii ⋯⋯ 78
Cymbidium insigne ⋯⋯ 77
Cymbidium insigne
subsp. *seidenfadenii*（異）⋯ 79
Cymbidium Joan Taylor ⋯ 81
Cymbidium kanran ⋯⋯ 78
Cymbidium lancifolium ⋯⋯ 78
Cymbidium Lucky Gloria ⋯ 81
Cymbidium Pearl Dawson
⋯⋯ 81
Cymbidium seidenfadenii ⋯ 79
Cymbidium sichuanicum ⋯ 78
Cymbidium sinense ⋯⋯ 79
Cymbidium tracyanum ⋯⋯ 74
Cymbidium wilsonii ⋯⋯ 79
Cynorkis angustipetala ⋯⋯ 44
Cynorkis guttata（異）⋯⋯ 44
Cypripedium calceolus ⋯⋯ 18
Cypripedium japonicum ⋯⋯ 19
Cypripedium macranthos ⋯ 18
Cypripedium reginae ⋯⋯ 19
Cypripedium segawae ⋯⋯ 19
Cypripedium tibeticum ⋯⋯ 19
Cyrtochilum macranthum
⋯⋯ 103

Cyrtopodium andersonii ···· 84
Cyrtosia lindleyana ············ 16
Cyrtosia septentrionalis ····· 16

D

Dactylorhiza aristata ······· 44
Dendrobium Aurora Queen
··································· 189
Dendrobium bellatulum ··· 184
Dendrobium bigibbum ···· 184
Dendrobium bullenianum
··································· 184
Dendrobium chrysotoxum
··································· 184
Dendrobium cuthbertsonii
··································· 185
Dendrobium Ekapol ···· 190
Dendrobium farmeri ······· 185
Dendrobium fimbriatum ··· 185
Dendrobium Gatton Sunray
··································· 190
Dendrobium glomeratum
··································· 186
Dendrobium Highlight ··· 189
Dendrobium infundibulum
··································· 186
Dendrobium lawesii ······· 186
Dendrobium lituiflorum ··· 187
Dendrobium loddigesii ··· 187
Dendrobium moniliforme
··································· 187
Dendrobium moschatum ··· 188
Dendrobium New Guinea
··································· 190
Dendrobium nobile ······· 183
Dendrobium pulchellum ··· 188
Dendrobium senile ········· 188
Dendrobium spectabile ···· 189
Dendrobium Thanaid Stripes
··································· 190
Dendrobium victoriae-reginae
··································· 189
Dendrochilum cobbianu（異）
··································· 56

Dendrochilum
glumaceum（異）············· 56
Dendrochilum wenzelii（異）
··································· 56
Dendrolirium lasiopetalum
··································· 192
Diacrium bicornutum（異）·· 152
Didymoplexiopsis
khiriwongensis ··········· 176
Dimorphorchis lowii ······ 199
Dimorphorchis rossii ······ 199
Dinema polybulbon ········ 152
Disa uniflora ················ 44
Diuris corymbosa ·········· 41
Diuris longifolia ············ 41
Diuris magnifica ··········· 41
Diuris purdiei ············ 40
Diuris segregata ··········· 41
Doritis pulcherrima（異）·· 204
Dracula chimaera ·········· 167
Dracula gigas ············· 168
Dracula polyphemus ······ 168
Dracula vampira ·········· 168
Drakaea glyptodon ······· 42
Drakaea livida ············ 42
Dyakia hendersoniana ··· 200

E·F

Elythranthera brunonis ··· 38
Elythranthera emarginata ··· 38
Encyclia adenocaula ······ 153
Encyclia alata ············· 153
Encyclia cochleata（異）·· 161
Encyclia cordigera ········ 153
Encyclia garciana（異）··· 162
Encyclia polybulbon（異）· 152
Encyclia prismatocarpa（異）
··································· 162
Encyclia radiata（異）······ 162
Encyclia vespa（異）········ 163
Encyclia vitellina（異）····· 163
× *Epicattleya* René Marqués
··································· 165
Epidendrum ciliare ········ 154

Epidendrum ibaguense ···· 154
Epidendrum
melanoporphyreum ···· 154
Epidendrum parkinsonianum
··································· 155
Epidendrum pseudepidendrum
··································· 155
Epidendrum stamfordianum
··································· 155
Epipactis thunbergii ······· 192
Eria amica（異）············ 194
Eria coronaria ············· 192
Eria spicata（異）·········· 194
Euanthe sanderiana（異）··· 213
Eulophia guineensis ······· 85
Eulophia horsfallii ········· 85
Eulophia pardalina ········ 85
× *Fredclarkear* After Dark
··································· 73

G

Galeola septentrionalis（異）·· 16
Gastrochilus japonicus ···· 198
Gomesa concolor ········· 105
Gomesa echinata ········· 105
Gomesa flexuosa ········· 105
Gomesa forbesii ········· 105
Gomesa
imperatoris-maximiliani ·· 104
Gomesa longipes ········· 106
Gomesa novaesiae ········· 106
Gomesa radicans ········· 106
Gomesa sarcodes ········· 106
Gongora galeata ········· 131
Gongora quinquenervis ··· 131
Gongora rufescens ········ 131
Grammatophyllum martae
··································· 83
Grammatophyllum scriptum
··································· 83
Grammatophyllum speciosum
··································· 82
Grammatophyllum
stapeliiflorum ··········· 83

Guarianthe aurantiaca 156
Guarianthe bowringiana 156
Guarianthe skinneri 156

H·I·J·K

Habenaria dentata 47
Habenaria medusa 46
Habenaria radiata（異）50
Habenaria rhodocheila 46
Habenaria sagittifera 47
Hemipilia graminifolia 47
Hexisea bidentata（異）163
Holcoglossum auriculatum 200
Huntleya meleagris 134
Ida Green Sweetie 88
Ida reichenbachii 88
× *Ionmesa* Popcorn 126
Ionopsis utricularioides 107
Isabelia violacea 155
Jumellea arachnantha 219
Kefersteinia graminea 134

L

Laelia anceps 158
Laelia autumnalis 157
Laelia flava（異）145
Laelia × *gouldiana* 158
Laelia harpophylla（異）147
Laelia lundii（異）148
Laelia purpurata（異）149
Laelia rubescens 158
Laelia speciosa 157
Laelia splendida 159
Laelia superbiens 159
Laelia tenebrosa（異）150
Laelia tibicinis（異）160
Laelia undulata 159
× *Laeliocattleya* Coastal Sunrise 166
× *Leomesezia* Lava Burst 126
Leptoceras menziesii 39

Leptotes bicolor 160
Liparis nervosa 191
Liparis nutans 191
Liparis suzumushi 191
Lockhartia micrantha 107
Ludisia discolor 34
Lycaste aromatica 89
Lycaste Balliae 92
Lycaste brevispatha 90
Lycaste cruenta 90
Lycaste deppei 90
Lycaste Henty 92
Lycaste lasioglossa 90
Lycaste macrophylla 91
Lycaste Rakuhoku 92
Lycaste reichenbachii（異）88
Lycaste Shoalhaven 92
Lycaste skinneri（異）89
Lycaste Spectabillis 91
Lycaste tricolor 91
Lycaste virginalis 89
× *Lycida* Aquila 93
× *Lycida* Geyser Gold 93

M·N

Macodes petola 34
Macradenia multiflora 107
Masdevallia Angel Frost 172
Masdevallia ayabacana 169
Masdevallia bicolor 170
Masdevallia caudata 170
Masdevallia coccinea 171
Masdevallia Copper Angel 172
Masdevallia ignea 171
Masdevallia Lyn Sherlock 172
Masdevallia veitchiana 169
Masdevallia venusta 171
Maxillaria coccinea 94
Maxillaria egertoniana 94
Maxillaria elatior 94
Maxillaria grandiflora 95
Maxillaria lineolata 95

Maxillaria luteoalba 95
Maxillaria nasuta 95
Maxillaria neowiedii 96
Maxillaria picta 96
Maxillaria porphyrostele 96
Maxillaria rufescens 96
Maxillaria sanderiana 97
Maxillaria schunkeana 97
Maxillaria sophronitis 97
Maxillaria subrepens 97
Maxillaria tenuifolia 98
Maxillaria variabilis 98
Maxillaria vernicosa（異）96
Mediocalcar decoratum 193
Mediocalcar versteegii 193
Miltonia clowesii 108
Miltonia cuneata 108
Miltonia flavescens 108
Miltonia moreliana 109
Miltonia phymatochila 109
Miltonia regnellii 109
Miltonia spectabilis 109
Miltoniopsis Bert Field 111
Miltoniopsis bismarckii 110
Miltoniopsis Celle 112
Miltoniopsis Eastern Bay 112
Miltoniopsis phalaenopsis 111
Miltoniopsis roezlii 111
Miltoniopsis Rouge 112
Miltoniopsis Second Love 112
Miltoniopsis vexillaria 110
Mormodes buccinator 72
Mormodes rolfeana 73
Mormolyca ringens（異）95
Myrmecophila tibicinis 160
Neobenthamia gracilis（異）220
Neofinetia falcata（異）212
Neomoorea wallisii 98

O

Odontoglossum alexandrae（異）113

Odontoglossum crispum（異）
.... 113

Odontoglossum grande（異）
.... 122

Odontoglossum wyattianum
（異）............ 117

Oeoniella polystachys 219

× *Oncidesa* Aloha Iwanaga
.... 127

Oncidesa Sweet Sugar 127

Oncidium alexandrae 113

Oncidium ampliatum（異）............ 122

Oncidium aurarium 114

Oncidium Big Mac 118

Oncidium Charlesworthii
(1910) 118

Oncidium cheirophorum 114

Oncidium Cleo's Pride 118

Oncidium crispum（異）............ 104

Oncidium harryanum 114

Oncidium leucochilum 114

Oncidium Lovely Morning
.... 119

Oncidium noezlianum 115

Oncidium oblongatum 115

Oncidium obryzatum 115

Oncidium onustum（異）............ 123

Oncidium planilabre 116

Oncidium roseoides 116

Oncidium roseum（異）............ 116

Oncidium schroederianum
.... 116

Oncidium Sharry Baby 119

Oncidium sotoanum 116

Oncidium sphacelatum 117

Oncidium Twinkle 119

Oncidium vulcanicum 117

Oncidium wyattianum 117

× *Oncidopsis* Enzan Fantasy
.... 126

× *Oncostele* Wildcat 127

Ophrys apifera 48

Ophrys × *arachnitiformis* 49

Ophrys bombyliflora 49

Ophrys fuciflora（異）............ 48

Ophrys holosericea
subsp. *holosericea* 48

Ophrys lutea 49

Ophrys speculum 49

Orchis morio
subsp. *longicornu*（異）............ 45

Ornithidium coccineum（異）
.... 94

P

Pabstia jugosa 135

Paphiopedilum armeniacum
.... 21

Paphiopedilum bellatulum 21

Paphiopedilum bullenianum
.... 21

Paphiopedilum callosum 21

Paphiopedilum charlesworthii
.... 22

Paphiopedilum concolor 22

Paphiopedilum dayanum 22

Paphiopedilum delenatii 22

Paphiopedilum dianthum 23

Paphiopedilum fairrieanum
.... 23

Paphiopedilum Fumi's Delight
.... 28

Paphiopedilum glaucophyllum
var. *moquetteanum*（異）............ 25

Paphiopedilum Harry Potter
.... 28

Paphiopedilum haynaldianum
.... 23

Paphiopedilum henryanum
.... 23

Paphiopedilum insigne 20

Paphiopedilum kolopakingii
.... 24

Paphiopedilum Lippewunder
.... 28

Paphiopedilum lowii 24

Paphiopedilum malipoense
.... 24

Paphiopedilum micranthum
.... 24

Paphiopedilum
moquetteanum 25

Paphiopedilum niveum 25

Paphiopedilum philippinense
.... 25

Paphiopedilum Pink Palace
.... 28

Paphiopedilum primulinum
.... 25

Paphiopedilum
rothschildianum 26

Paphiopedilum Saint Swithin
.... 29

Paphiopedilum sanderianum
.... 20

Paphiopedilum sukhakulii 26

Paphiopedilum supardii 27

Paphiopedilum
Tanja Pinkepank 29

Paphiopedilum Thunder Cat
.... 29

Paphiopedilum venustum 27

Paphiopedilum
victoria-regina 27

Paphiopedilum villosum 27

× *Papilionanda* Patricia Low
.... 215

Papilionanthe Miss Joaquim
.... 201

Papilionanthe teres 201

Paraphalaenopsis labukensis
.... 201

Pecteilis radiata 50

Peristeria elata 128

Pescatoria cerina 135

Phaius flavus 61

Phaius tankervilleae 61

Phalaenopsis amabilis 202

Phalaenopsis amabilis
var. *aphrodite*（異）............ 202

Phalaenopsis amboinensis 203

Phalaenopsis aphrodite 202

Phalaenopsis Blue Gene® 205

225

Phalaenopsis gigantea 203
Phalaenopsis Happy Vivien 206
Phalaenopsis japonica 203
Phalaenopsis Jiuhbao Angel 206
Phalaenopsis Little Mary 206
Phalaenopsis lueddemanniana 204
Phalaenopsis mariae 204
Phalaenopsis pulcherrima 204
Phalaenopsis sanderiana 205
Phalaenopsis schilleriana 205
Phalaenopsis Wedding Promenade 206
Pheladenia deformis 39
Pholidota chinensis（異） 57
Pholidota imbricata（異） 57
Phragmipedium Andean Fire 32
Phragmipedium besseae 30
Phragmipedium Cardinale 32
Phragmipedium caudatum 31
Phragmipedium Don Wimber 33
Phragmipedium Fritz Schomburg 33
Phragmipedium Jerry Lee Fischer 33
Phragmipedium kovachii 30
Phragmipedium lindleyanum var. *sargentianum*（異） 32
Phragmipedium longifolium 31
Phragmipedium Memoria Dick Clements 33
Phragmipedium pearcei 31
Phragmipedium sargentianum 32
Phragmipedium schlimii 32
Pinalia amica 194
Pinalia spicata 194
Platanthera hologlottis 51

Pleione aurita 58
Pleione formosana 58
Pleione forrestii 59
Pleione maculata 59
Pleione praecox 58
Pleione Stromboli 59
Pleione yunnanensis 59
Pleurothallis marthae 173
Pleurothallis octavioi 173
Pleurothallis prolifera（異） 174
Pleurothallis tarantula（異） 175
Pleurothallis titan 173
Podangis dactyloceras 219
Polystachya clareae 220
Polystachya neobenthamia 220
Ponerorchis graminifolia（異） 47
Promenaea Crawshayana 135
Prosthechea brassavolae 161
Prosthechea cochleata 161
Prosthechea garciana 162
Prosthechea prismatocarpa 162
Prosthechea radiata 162
Prosthechea vespa 163
Prosthechea vitellina 163
Psychopsis krameriana 120
Psychopsis papilio 120
Pterostylis barbata 35
Pterostylis curta 35
Pterostylis sanguinea 35

R

Renanthera bella 207
Renanthera Brookie Chandler 208
Renanthera monachica 207
Renanthera philippinensis 207
Renanthera storiei var. *philippinensis*（異） 207
Restrepia antennifera 174
Restrepiella ophiocephala 174
Rhyncholaelia digbyana 164

Rhyncholaelia glauca 164
× *Rhyncholaeliocattleya* Alma Kee 166
× *Rhyncholaeliocattleya* Twenty First Century 166
Rhynchostele cordata 120
Rhynchostele rossii 121
Rhynchostylis Chorchalood 208
Rhynchostylis coelestis（異） 211
Rhynchostylis gigantea 208
Rodriguezia bracteata 121
Rodriguezia decora 121
Rodriguezia lanceolata 121
Rodriguezia secunda（異） 121
Rodriguezia venusta（異） 121
Rossioglossum ampliatum 122
Rossioglossum grande 122
Rossioglossum Rawdon Jester 122

S

Scaphyglottis bidentata 163
Schomburgkia splendida（異） 159
Schomburgkia superbiens（異） 159
Schomburgkia undulata（異） 159
Scuticaria strictifolia 99
Sedirea japonica（異） 203
Sigmatostalix radicans（異） 106
Sobralia macrantha 195
Sobralia xantholeuca 195
Sophronitella violacea（異） 155
Sophronitis cernua（異） 144
Sophronitis coccinea（異） 145
Sophronitis wittigiana（異） 150
Spathoglottis plicata 66
Spathoglottis pubescens 66
Spathoglottis unguiculata 66

Spiranthes sinensis 36
Stanhopea Assidensis 133
Stanhopea jenischiana 133
Stanhopea tigrina 132
Stanhopea wardii 133
Stelis ciliaris 175
Stelis tarantula 175
Stelis pachyphyta 176
Stenoglottis longifolia 51
Stenoglottis Venus 51
Stenorrhynchos speciosum 36
Stichorkis nutans（異）191
Sudamerlycaste
　Green Sweetie（異）88
Sudamerlycaste
　reichenbachii（異）88

T

Taeniophyllum glandulosum
　209
Thelymitra antennifera 43
Thelymitra pulcherrima 43
Thelymitra villosa 43
Thunia alba 60
Thunia brymeriana 60
Trichocentrum cebolleta 124
Trichocentrum lanceanum
　124

Trichocentrum splendidum
　124
Trichoglottis atropurpurea
　209
Trichoglottis brachiata（異）
　209
Trichoglottis philippinensis
　209
Trichopilia fragrans 123
Trichopilia suavis 123
Trigonidium acuminatu（異）
　97
Trigonidium egertonianu（異）
　94

V·W·X·Z

Vanda brunnea 211
Vanda coelestis 211
Vanda coerulea 210
Vanda curvifolia 211
Vanda denisoniana 212
Vanda falcata 212
Vanda lamellata 212
Vanda luzonica 212
Vanda miniata 213
Vanda Miss Joaquim（異）201
Vanda Navy Blue 214
Vanda Papon 214

Vanda sanderiana 213
Vanda suavis 213
Vanda Suk Sumran Beauty
　214
Vanda teres（異）201
Vanda tricolor var. *suavis*（異）
　213
Vanda Twinkle 214
× *Vandachostylis* Pinky 216
Vandopsis gigantea 215
Vandopsis lissochiloides 215
Vanilla fragrans（異）17
Vanilla planifolia 17
Warczewiczella discolor 136
Xylobium bractescens 99
Zelenkoa onusta 123
Zootrophion atropurpureum
　176
× *Zygonisia*
　Murasakikomachi 137
Zygopetalum Artur Elle 137
Zygopetalum intermediu（異）
　136
Zygopetalum mackayi（異）136
Zygopetalum maculatum
　subsp. *maculatum* 136
Zygopetalum Redvale 137

略号索引

Acia.（*Acianthera*）174
Acn.（*Acineta*）129
Acp.（*Acampe*）196
Aer.（*Aerides*）197
Aergs.（*Aerangis*）216
Aerth.（*Aeranthes*）216
Alcra.（× *Aliceara*）125
Ame.（*Amesiella*）196
Anc.（*Ancistrochilus*）61
Anct.（*Anoectochilus*）34
Ang.（*Anguloa*）86
Angcm.（*Angraecum*）217

Angcst.（× *Angulocaste*）93
Ant.（*Anacamptis*）45
Ar.（*Arundina*）52
Arach.（*Arachnis*）198
Arpo.（*Arpophyllum*）140
Aslla.（*Ansellia*）84
Asp.（*Aspasia*）103
B.（*Brassavola*）142
Bark.（*Barkeria*）141
Bc.（× *Brassocattleya*）165
Bif.（*Bifrenaria*）87
Ble.（*Bletilla*）52

Bro.（*Broughtonia*）140
Brs.（*Brassia*）100
Brsdm.（× *Brassidium*）125
Bulb.（*Bulbophyllum*）177
C.（*Cattleya*）143
Cal.（*Calanthe*）62
Calda.（*Caladenia*）37
Cau.（*Caularthron*）152
Cbs.（*Corybas*）36
Cca.（*Cyanicula*）38
Chy.（*Chysis*）138
Cl.（*Clowesia*）70

227

Coe. (*Coelia*) — 139	*Holc.* (*Holcoglossum*) — 200	*Pln.* (*Pleione*) — 58
Coel. (*Coelogyne*) — 53	*Hya.* (*Huntleya*) — 134	*Pod.* (*Podangis*) — 219
Comp. (*Comparettia*) — 102	*Ims.* (× *Ionmesa*) — 126	*Pol.* (*Polystachya*) — 220
Cra. (*Cirrhaea*) — 129	*Inps.* (*Ionopsis*) — 107	*Pps.* (*Paraphalaenopsis*) — 201
Cre. (*Cremastra*) — 139	*Isa.* (*Isabelia*) — 155	*Prom.* (*Promenaea*) — 135
Crths. (*Coryanthes*) — 130	*Jum.* (*Jumellea*) — 219	*Psh.* (*Prosthechea*) — 161
Css. (*Ceratostylis*) — 193	*Kefst.* (*Kefersteinia*) — 134	*Pths.* (*Pleurothallis*) — 173
Csy. (*Cryptostylis*) — 39	*L.* (*Laelia*) — 157	*Ptst.* (*Pterostylis*) — 35
Ctsa. (*Cyrtosia*) — 16	*Lc.* (× *Laeliocattleya*) — 166	*Pyp.* (*Psychopsis*) — 120
Ctsm. (*Catasetum*) — 67	*Lcd.* (× *Lycida*) — 93	*Rdza.* (*Rodriguezia*) — 121
Ctt. (× *Cattlianthe*) — 165	*Lcs.* (*Leptoceras*) — 39	*Ren.* (*Renanthera*) — 207
Cu. (*Cuitlauzina*) — 103	*Lhta.* (*Lockhartia*) — 107	*Rhy.* (*Rhynchostylis*) — 208
Cyc. (*Cycnoches*) — 71	*Lip.* (*Liparis*) — 191	*Rl.* (*Rhyncholaelia*) — 164
Cycd. (× *Cycnodes*) — 73	*Lpt.* (*Leptotes*) — 160	*Rlc.* (× *Rhyncholaeliocattleya*)
Cym. (*Cymbidium*) — 74	*Lsz.* (× *Leomesezia*) — 126	— 166
Cyn. (*Cynorkis*) — 44	*Lus.* (*Ludisia*) — 34	*Ros.* (*Rossioglossum*) — 122
Cyp. (*Cypripedium*) — 18	*Lyc.* (*Lycaste*) — 89	*Rpa.* (*Restrepiella*) — 174
Cyr. (*Cyrtochilum*) — 103	*Mac.* (*Macodes*) — 34	*Rst.* (*Rhynchostele*) — 120
Cyrt. (*Cyrtopodium*) — 84	*Masd.* (*Masdevallia*) — 169	*Rstp.* (*Restrepia*) — 174
Dact. (*Dactylorhiza*) — 44	*Max.* (*Maxillaria*) — 94	*Sca.* (*Scaticaria*) — 99
Ddlr. (*Dendrolirium*) — 192	*Mcdn.* (*Macradenia*) — 107	*Scgl.* (*Scaphyglottis*) — 163
Den. (*Dendrobium*) — 183	*Mcp.* (*Myrmecophila*) — 160	*Sngl.* (*Stenoglottis*) — 51
Dimo. (*Dimorphorchis*) — 199	*Med.* (*Mediocalcar*) — 193	*Sca.* (*Scuticaria*) — 99
Din. (*Dinema*) — 152	*Milt.* (*Miltonia*) — 108	*Sob.* (*Sobralia*) — 195
Dplx. (*Didymoplexiopsis*)	*Morm.* (*Mormodes*) — 72	*Spa.* (*Spathoglottis*) — 66
— 176	*Mps.* (*Miltoniopsis*) — 110	*Spir.* (*Spiranthes*) — 36
Dra. (*Drakaea*) — 42	*Nma.* (*Neomoorea*) — 98	*Stan.* (*Stanhopea*) — 132
Drac. (*Dracula*) — 167	*Oenla.* (*Oeoniella*) — 219	*Ste.* (*Stelis*) — 175
Dy. (*Dyakia*) — 200	*Oip.* (× *Oncidopsis*) — 126	*Strs.* (*Stenorrhynchos*) — 36
E. (*Encyclia*) — 153	*Onc.* (*Oncidium*) — 113	*Tae.* (*Taeniophyllum*) — 209
Elth. (*Elythranthera*) — 38	*Oncsa.* (× *Oncidesa*) — 127	*Thel.* (*Thelymitra*) — 43
Epc. (× *Epicattleya*) — 165	*Ons.* (× *Oncostele*) — 127	*Thu.* (*Thunia*) — 60
Epcts. (*Epipactis*) — 192	*Oph.* (*Ophrys*) — 48	*Trgl.* (*Trichoglottis*) — 209
Epi. (*Epidendrum*) — 154	*P.* (*Platanthera*) — 51	*Trpla.* (*Trichopilia*) — 123
Er. (*Eria*) — 192	*Pab.* (*Pabstia*) — 135	*Trt.* (*Trichocentrum*) — 124
Euph. (*Eulophia*) — 85	*Paph.* (*Paphiopedilum*) — 20	*V.* (*Vanda*) — 210
Fdk. (× *Fredclarkeara*) — 73	*Pda.* (× *Papilionanda*) — 215	*Van.* (× *Vandachostylis*) — 216
Gchls. (*Gastrochilus*) — 198	*Pec.* (*Pecteilis*) — 50	*Vdps.* (*Vandopsis*) — 215
Gga. (*Gongora*) — 131	*Per.* (*Peristeria*) — 128	*Vl.* (*Vanilla*) — 17
Gom. (*Gomesa*) — 104	*Pes.* (*Pescatoria*) — 135	*W.* (*Warczewiczella*) — 136
Gram. (*Grammatophyllum*)	*Phal.* (*Phalaenopsis*) — 202	*Xyl.* (*Xylobium*) — 99
— 82	*Phel.* (*Pheladenia*) — 39	*Z.* (*Zygopetalum*) — 136
Gur. (*Guarianthe*) — 156	*Phrag.* (*Phragmipedium*) — 30	*Zel.* (*Zelenkoa*) — 123
Hab. (*Habenaria*) — 46	*Pina.* (*Pinalia*) — 194	*Zns.* (× *Zygonisia*) — 137
Hemi. (*Hemipilia*) — 47	*Ple.* (*Papilionanthe*) — 201	*Zo.* (*Zootrophion*) — 176

和名索引

ア

アカンペ属	196
アカンペ・リギダ	196
アキアンテラ属	174
アキアンテラ・プロリフェラ	174
アキネタ属	129
アキネタ・クリサンタ	129
アキネタ・スペルバ	129
アスパシア属	103
アスパシア・ルナタ	103
アツモリソウ属	18
アツモリソウ	18
アナカンプティス属	45
アナカンプティス・パピリオナケア	45
アナカンプティス・モリオ・ロンギカルヌ	45
アネクトキルス属	34
アネクトキルス・ロクスバリイ	34
アラクニス属（人工交雑種）	198
アラクニス・マギー・オエイ	198
アリケアラ属	125
アリケアラ・ドナルド・ハリデー	125
アリケアラ・ユーロスター	125
アルポフィルム属	140
アルポフィルム・ギガンテウム	140
アンキストロキルス属	61
アンキストロキルス・ロスチャイルディアスス	61
アングレクム属	217
アングレクム・エブルネウム	218
アングレクム・スッコティアスム	218
アングレクム・セスクイペダレ	217
アングレクム・ロンギカルカル	218
アングロア属	86
アングロア・ウニフロラ	86
アングロア・クリフトニイ	86
アングロア・クロウシイ	86
アングロカステ属	93
アングロカステ・アポロ	93
アングロカステ・シンフォニー	93
アンセリア属	84
アンセリア・アフリカナ	84
イーダ属（野生種）	88
イーダ属（人工交雑種）	88

イーダ・グリーン・スイーティー	88
イーダ・ラインバッキイ	88
イオノプシス属	107
イオノプシス・ウトリクラリオイデス	107
イオンメサ属	126
イオンメサ・ポップコーン	126
イサベリア属	155
イサベリア・ビオラケア	155
ウチョウラン属	47
ウチョウラン	47
エイムジエラ属	196
エイムジエラ・フィリピネンシス	196
エウロフィア属	85
エウロフィア・ギニエンシス	85
エウロフィア・パルダリナ	85
エウロフィア・ホースフォリー	85
エピカトレヤ属	165
エピカトレヤ・ルネ・マルケス	165
エピデンドルム属	154
エピデンドルム・イバグエンセ	154
エピデンドルム・キリアレ	154
エピデンドルム・スタンフォーディアスム	155
エピデンドルム・パーキンソニアヌム	155
エピデンドルム・プセウデピデンドルム	155
エピデンドルム・メラノポルフィレウム	154
エビネ属（野生種）	62
エビネ属（人工交雑種）	65
エビネ	62
エランギス属	216
エランギス・ルテオアルバ・ロドスティクタ	216
エランテス属	216
エランテス・グランディフロラ	216
エリア・コロナリア	192
エリスランテラ属	38
エリスランテラ・エマルギナタ	38
エリスランテラ・ブルノニス	38
エリデス・オドラタ	197
エリデス・ロレンセアエ	197
エンキクリア属	153
エンキクリア・アデノカウラ	153
エンキクリア・アラタ	153
エンキクリア・コルディゲラ	153
オエオニエラ属	219

オエオニエラ・ポリスタキ	219	カウラルトロン・ビコルヌツ	152
オオオサラン属	192	カキラン属	192
オオキリシマエビネ	62	カキラン	192
オガサワラシコウラン	178	カクチョウラン属	61
オナガエビネ	64	カクチョウラン	61
オフリス属	48	カシノキラン属	198
オフリス・アピフェラ	48	カシノキラン	198
オフリス・アラクニティフォルミス	49	カタセツム属	67
オフリス・スペクルム	49	カタセツム・アトラツム	68
オフリス・ホロセリケア	48	カタセツム・エクスパンスム	68
オフリス・ボンビリフロラ	49	カタセツム・サッカツム	69
オフリス・ルテア	49	カタセツム・テネブロスム	69
オンコステレ属	127	カタセツム・ビリディフラブム	69
オンコステレ・ワイルドキャット	127	カタセツム・ピレアツム	68
オンシディウム属（野生種）	113	カタセツム・マクロカルプム	67
オンシディウム属（人工交雑種）	118	カトリアンセ属	165
オンシディウム・アウラリウム	114	カトリアンセ・ファビンギアナ	165
オンシディウム・アレクサンドラエ	113	カトレヤ属（野生種）	143
オンシディウム・オブリザツム	115	カトレヤ属（人工交雑種）	151
オンシディウム・オブロンガツム	115	カトレヤ・アクランディアエ	144
オンシディウム・クレオズ・プライド	118	カトレヤ・アメティストグロッサ	144
オンシディウム・ケイロフォルム	114	カトレヤ・アラオリイ	144
オンシディウム・シャリー・ベイビー	119	カトレヤ・インテルメディア	147
オンシディウム・シュローダリアスム	116	カトレヤ・ヴィティヒアナ	150
オンシディウム・スファケラツム	117	カトレヤ・ウォーケリアナ	150
オンシディウム・ソトアヌム	116	カトレヤ・ギャスケリアナ	146
オンシディウム・チャールズワーシー	118	カトレヤ・グラスロサ	146
オンシディウム・トゥインクル	119	カトレヤ・クリスパタ	145
オンシディウム・ネツリアスム	115	カトレヤ・ケルヌア	144
オンシディウム・ハリアスム	114	カトレヤ・コッキネア	145
オンシディウム・バルカニクム	117	カトレヤ・シュレーデラエ	150
オンシディウム・ビッグ・マック	118	カトレヤ・シレリアナ	149
オンシディウム・プラニラブレ	116	カトレヤ・スペシャル・フィールド	151
オンシディウム・ラブリー・モーニング	119	カトレヤ・ダウィアナ	146
オンシディウム・レウコキルム	114	カトレヤ・テネブロサ	150
オンシディウム・ロセオイデス	116	カトレヤ・トロピカル・サンセット	151
オンシディウム・ワイアッティアスム	117	カトレヤ・ノビリオル	149
オンシデサ属	127	カトレヤ・ハルポフィラ	147
オンシデサ・アロハ・イワナガ	127	カトレヤ・フォーブシイ	145
オンシデサ・スイート・シュガー	127	カトレヤ・プラチナム・サン	151
オンシドプシス属	126	カトレヤ・ブルー・パール	151
オンシドプシス・エンザン・ファンタジー	126	カトレヤ・プルプラタ	149
		カトレヤ・マクシマ	148
		カトレヤ・モシアエ	148

カ

カウラルトロン属	152	カトレヤ・ラビアタ	143
		カトレヤ・リューデマンニアナ	147

カトレヤ・ルンデイイ	148
カトレヤ・ロッディジェシイ	147
カラデニア属	37
カラデニア・ファルカタ	37
カラデニア・フィリフェラ	37
カラデニア・フラバ	37
カラフトアツモリソウ	18
カランテ・ドミニイ	65
カランテ・ベスティタ	64
カランテ・ルベンス	63
ガンゼキラン	61
カンポウラン	75
カンラン	78
キアニクラ属	38
キアニクラ・ゲンマタ	38
キエビネ	63
キクノケス属	71
キクノケス・エガートニアナム	71
キクノケス・ペンタダティロン	71
キクノケス・ベントリコスム	72
キクノデス属	73
キクノデス・タイワン・ゴールド	73
キシス属（野生種）	138
キシス属（人工交雑種）	138
キシス・ブラクテスケンス	138
キシス・ラングレイエンシス	138
キノルキス属	44
キノルキス・アングスティペタラ	44
キラエア属	129
キラエア・デペンデンス	129
キルトキルム属	103
キルトキルム・マクランツム	103
キルトシア・リンドリヤ	16
キルトポディウム属	84
キルトポディウム・アンダーソニイ	84
キンリョウヘン	77
グアリアンテ属	156
グアリアンテ・アウランティアカ	156
グアリアンテ・スキネリ	156
グアリアンテ・ボウリンギアナ	156
クイトラウジナ属	103
クイトラウジナ・プルケラ	103
クシロビウム属	99
クシロビウム・ブラクテスケンス	99
クマガイソウ	19
クモキリソウ属	191

クモラン属	209
クモラン	209
クラウシア属（野生種）	70
クラウシア属（人工交雑種）	70
クラウシア・ジャンボ・グレイス	70
クラウシア・ラッセリアナ	70
クラウシア・ロセア	70
グランマトフィルム属	82
グランマトフィルム・スクリプツム	83
グランマトフィルム・スタペリイフロルム	83
グランマトフィルム・スペキオスム	82
グランマトフィルム・マルタエ	83
クリプトスティリス属	39
クリプトスティリス・アラクニテス	39
ケフェルシュタイニア属	134
ケフェルシュタイニア・グラミネア	134
ケラトスティリス属	193
ケラトスティリス・レティスクアマ	193
コウズ	65
コウトウシラン属	66
コウトウシラン	66
コウトウヒスイラン	212
コエリア属	139
コエリア・ベラ	139
コクラン	191
コチョウラン属（野生種）	202
コチョウラン属（人工交雑種）	206
コチョウラン属（遺伝子組換え植物）	205
ゴメサ属	104
ゴメサ・インペラトリス－マキシミリアニ	104
ゴメサ・エキナタ	105
ゴメサ・コンコロル	105
ゴメサ・サルコデス	106
ゴメサ・ノヴァエシエ	106
ゴメサ・フォーブシイ	105
ゴメサ・フレクスオスム	105
ゴメサ・ラディカンス	106
ゴメサ・ロンギペス	106
コリアンテス属	130
コリアンテス・ベルコリネアタ	130
コリアンテス・レウココリス	130
コリバス属	36
コリバス・カリナツス	36
ゴンゴラ属	131
ゴンゴラ・ガレアタ	131
ゴンゴラ・クインクエネルビス	131

231

コンパレッティア属	102	シンビジウム・ラッキー・グロリア	81
ゴンゴラ・ルフェスケンス	131	ズートロフィオン属	176
コンパレッティア・イグネア	102	ズートロフィオン・アトロプルプレウム	176
コンパレッティア・スペキオサ	102	スカフィグロッティス属	163
コンパレッティア・マクロプレクトロン	102	スカフィグロッティス・ビデンタタ	163
		スクティカリア属	99

サ

サイハイラン属	139	スクティカリア・ストリクフォリア	99
サイハイラン	139	スズムシソウ	191
サギソウ属	50	スタンホペア属（野生種）	132
サギソウ	50	スタンホペア属（人工交雑種）	133
サルメンエビネ	64	スタンホペア・アッシデンシス	133
ジエビネ	62	スタンホペア・イェニシアナ	133
ジゴニシア属	137	スタンホペア・ウォーディイ	133
ジゴニシア・紫小町	137	スタンホペア・ティグリナ	132
ジゴペタルム属（野生種）	136	ステノグロッティス属（野生種）	51
ジゴペタルム属（人工交雑種）	137	ステノグロッティス属（人工交雑種）	51
ジゴペタルム・アルトゥール・エル	137	ステノグロッティス・ビーナス	51
ジゴペタルム・マクラツム・マクラツム	136	ステノグロッティス・ロンギフォリア	51
ジゴペタルム・レッドベール	137	ステノリンコス・スペキオスス	36
シプリペディウム・チベチクム	19	ステノリンコス属	36
シプリペディウム・レギナエ	19	ステリス属	175
ジュメレア属	219	ステリス・シリアリス	175
ジュメレア・アラクナンタ	219	ステリス・タランチュラ	175
シュンラン属（野生種）	74	ステリス・パキフィタ	176
シュンラン属（人工交雑種）	80	スパトグロッティス・ウングイクラタ	66
シュンラン	78	スパトグロッティス・プベスケンス	66
シラン属	52	スルガラン	76
シラン	52	セッコク属（野生種）	183
シンビジウム・アレクサンデリ	80	セッコク	187
シンビジウム・アロイフォリウム	75	ゼレンコア属	123
シンビジウム・インシグネ	77	ゼレンコア・オヌスタ	123
シンビジウム・ウィルソニイ	79	セロジネ属（野生種）	53
シンビジウム・エブルネウム	76	セロジネ属（旧デンドロキルム属）	56
シンビジウム・エブルネオロウイアヌム	80	セロジネ属（旧フォリダ属）	57
シンビジウム・エリトラエウム	76	セロジネ属（人工交雑種）	55
シンビジウム・エリトロスティルム	77	セロジネ・インテルメディア	55
シンビジウム・ジョアン・テーラー	81	セロジネ・インブリカタ	57
シンビジウム・スーチョワニクム	78	セロジネ・ヴェンツェリ	56
シンビジウム・セイデンファデニ	79	セロジネ・ウシタナ	55
シンビジウム・デボニアヌム	76	セロジネ・クリスタタ	53
シンビジウム・トレイシアヌム	74	セロジネ・グルマケア	56
シンビジウム・ドロシー・ストックスティル	81	セロジネ・コッビアナ	56
シンビジウム・パール・ドーソン	81	セロジネ・スペキオサ	54
シンビジウム・ビコロル	75	セロジネ・チネンシス	57
		セロジネ・トメントサ	55
		セロジネ・パンドゥラタ	54

セロジネ・ブラキプテラ	53
セロジネ・フラッキダ	54
セロジネ・ムーレアナ	54
ソブラリア属	195
ソブラリア・クサントレウカ	195
ソブラリア・マクランタ	195

タ

ダイサギソウ	47
タイリントキソウ属（野生種）	58
タイリントキソウ属（人工交雑種）	59
タイリントキソウ	58
タイワンキバナアツモリソウ	19
タカネ	65
ツチアケビ属	16
ツチアケビ	16
ツニア属	60
ツニア・アルバ	60
ツニア・ブリメリアナ	60
ツルラン	64
ツレサギソウ属	51
ディアキア属	200
ディアキア・ヘンダーソニア	200
ディウリス属	40
ディウリス・コリンボサ	41
ディウリス・セグレガタ	41
ディウリス・パーディー	40
ディウリス・マグニフィカ	41
ディウリス・ロンギフォリア	41
ディサ属	44
ディサ・ウニフロラ	44
ディディモプレキオプシス属	176
ディディモプレキオプシス・キリーウォネンシス	176
ディネマ属	152
ディネマ・ポリブルボン	152
ディモルフォルキス属	199
ディモルフォルキス・ローイ	199
ディモルフォルキス・ロシイ	199
テリミトラ属	43
テリミトラ・アンテンニフェラ	43
テリミトラ・ピロサ	43
テリミトラ・プルケリマ	43
デンドロビウム・インフンディブルム	186
デンドロビウム・ヴィクトリア-レギナエ	189

デンドロビウム・エカポール	190
デンドロビウム・オーロラ・クイーン	189
デンドロビウム・カスバートソニイ	185
デンドロビウム・ガットン・サンレイ	190
デンドロビウム・クリソトクスム	184
デンドロビウム・グロメラツム	186
デンドロビウム・スペクタビレ	189
デンドロビウム・セニレ	188
デンドロビウム・タネット・ストライプ	190
デンドロビウム・ニューギニア	190
デンドロビウム・ノビレ	183
デンドロビウム・ハイライト	189
デンドロビウム・ビッギブム	184
デンドロビウム・ファーメリ	185
デンドロビウム・フィンブリアツム	185
デンドロビウム・プルケルム	188
デンドロビウム・ブレニアヌム	184
デンドロビウム・ベラツルム	184
デンドロビウム・モスカツム	188
デンドロビウム・リツイフロルム	187
デンドロビウム・ローシイ	186
デンドロビウム・ロッディジェシイ	187
デンドロリリウム属	192
デンドロリリウム・ラシオペタルム	192
トクサラン	63
ドラカエア属	42
ドラカエア・グリプトドン	42
ドラカエア・リビダ	42
ドラクラ属	167
ドラクラ・ギガス	168
ドラクラ・キマエラ	167
ドラクラ・バンピラ	168
ドラクラ・ポリフェムス	168
トリコグロッティス・アトロプルプレア	209
トリコグロッティス・フィリピネンシス	209
トリコケントルム属	124
トリコケントルム・ケボレタ	124
トリコケントルム・スプレンディドゥム	124
トリコケントルム・ランセアヌム	124
トリコピリア属	123
トリコピリア・スアビス	123
トリコピリア・フラグランス	123

ナ

ナギラン	78
ナゴラン	203
ナツエビネ	63
ナリヤラン属	52
ナリヤラン	52
ナンバンカモメラン属	34
ナンバンカモメラン	34
ニオイエビネ	62
ニュウメンラン属	209
ネオムーレア属	98
ネオムーレア・ヴァリシイ	98
ネジバナ属	36
ネジバナ	36

ハ

バーケリア属	141
バーケリア・スキネリ	141
バーケリア・リンドリアナ	141
ハクサンチドリ属	44
ハクサンチドリ	44
バニラ属	17
バニラ	17
パピリオナンダ属	215
パピリオナンダ・パトリシア・ロー	215
パピリオナンテ属（野生種）	201
パピリオナンテ属（人工交雑種）	201
パピリオナンテ・テレス	201
パピリオナンテ・ミス・ジョアキム	201
パフィオペディルム属（野生種）	20
パフィオペディルム属（人工交雑種）	28
パフィオペディルム・アルメニアクム	21
パフィオペディルム・インシグネ	20
パフィオペディルム・カロスム	21
パフィオペディルム・コロパキンギイ	24
パフィオペディルム・コンコロル	22
パフィオペディルム・サンダー・キャット	29
パフィオペディルム・サンデリアヌム	20
パフィオペディルム・スカクリイ	26
パフィオペディルム・スパルディイ	27
パフィオペディルム・セント・スイシン	29
パフィオペディルム・タンヤピンクパンク	29
パフィオペディルム・チャールズワーシイ	22
パフィオペディルム・ディアスム	22

パフィオペディルム・ディアンツム	23
パフィオペディルム・デレナティイ	22
パフィオペディルム・ニベウム	25
パフィオペディルム・ハイナルディアヌム	23
パフィオペディルム・ハリー・ポッター	28
パフィオペディルム・ビクトリアレギア	27
パフィオペディルム・ビロスム	27
パフィオペディルム・ピンク・パレス	28
パフィオペディルム・フィリピネンセ	25
パフィオペディルム・フェアリアヌム	23
パフィオペディルム・フミズ・ディライト	28
パフィオペディルム・プリムリヌム	25
パフィオペディルム・ブレニアヌム	21
パフィオペディルム・ベヌスツム	27
パフィオペディルム・ベラツルム	21
パフィオペディルム・ヘンリアヌム	23
パフィオペディルム・マリポエンセ	24
パフィオペディルム・ミクランツム	24
パフィオペディルム・モッケテアスム	25
パフィオペディルム・リッペワンダー	28
パフィオペディルム・ローウィイ	24
パフィオペディルム・ロスチャイルディアスム	
	26
パブスティア属	135
パブスティア・ユゴサ	135
ハベナリア・メドゥーサ	46
ハベナリア・ロドケイラ	46
パラファレノプシス属	201
パラファレノプシス・ラブケンシス	201
バンダ・クルビフォリア	211
バンダ・コエルレア	210
バンダ・コエレスティス	211
バンダ・サンデリアナ	213
バンダ・スアビス	213
バンダ・スク・スムラン・ビューティー	214
バンダ・ツインクル	214
バンダ・デニソニアナ	212
バンダ・ネイビー・ブルー	214
バンダ・パポン	214
バンダ・ブルンネア	211
バンダ・ミニアタ	213
バンダ・ルゾニカ	212
バンダコスティリス属	216
バンダコスティリス・ピンキー	216
バンドプシス属	215
バンドプシス・ギガンテア	215

バンドプシス・リッソキロイデス 215
ハントリア属 134
ハントリア・メレアグリス 134
ヒスイラン属（野生種） 210
ヒスイラン属（人工交雑種） 214
ヒスイラン 210
ピナリア属 194
ピナリア・アミカ 194
ピナリア・スピカタ 194
ビフレナリア属 87
ビフレナリア・アウレオフルバ 87
ビフレナリア・イノドラ 87
ビフレナリア・ティリアンティナ 88
ビフレナリア・ハリソニアエ 87
ファレノプシス・アフロディテ 202
ファレノプシス・アマビリス 202
ファレノプシス・アンボイネンシス 203
ファレノプシス・ウェディング・プロムナード
.... 206
ファレノプシス・ギガンテア 203
ファレノプシス・サンデリアナ 205
ファレノプシス・ジュバオ・エンジェル 206
ファレノプシス・シレリアナ 205
ファレノプシス・ハッピー・ビビアン 206
ファレノプシス・ブルージーン® 205
ファレノプシス・プルケリマ 204
ファレノプシス・マリアエ 204
ファレノプシス・リトル・マリー 206
ファレノプシス・リュデマニアナ 204
フィリピナゴラン属 197
フウラン 212
フェラデニア属 39
フェラデニア・デフォルミス 39
プシコプシス属 120
プシコプシス・クラメリアナ 120
プシコプシス・パピリオ 120
ブッラシディウム属 125
ブッラシディウム・ペイガン・ラブソング 125
プテロスティリス属 35
プテロスティリス・クルタ 35
プテロスティリス・サンギネア 35
プテロスティリス・バルバタ 35
フラグミペディウム属（野生種） 30
フラグミペディウム属（人工交雑種） 32
フラグミペディウム・アンディアン・ファイヤー
.... 32

フラグミペディウム・カーディナレ 32
フラグミペディウム・カウダツム 31
フラグミペディウム・コバチイ 30
フラグミペディウム・サージェンティアヌム 32
フラグミペディウム・ジェリー・リー・
　フィッシャー 33
フラグミペディウム・シュリミイ 32
フラグミペディウム・ドン・ウィンバー 33
フラグミペディウム・ピアセイ 31
フラグミペディウム・フリッツ・ションバーグ 33
フラグミペディウム・ベセアエ 30
フラグミペディウム・メモリア・ディック・
　クレメンツ 33
フラグミペディウム・ロンギフォリウム 31
ブラシア属（野生種） 100
ブラシア属（人工交雑種） 101
ブラシア・アウランティアカ 100
ブラシア・アルクイゲラ 100
ブラシア・カウダタ 100
ブラシア・チャック・ハンソン 101
ブラシア・パスコエンシス 101
ブラシア・バルコサ 101
ブラッサボラ属 142
ブラッサボラ・アカウリス 142
ブラッサボラ・ククラタ 142
ブラッサボラ・ノドサ 142
ブラッソカトレヤ属 165
ブラッソカトレヤ・モーニング・グローリー
.... 165
ブルボフィルム・アルファキアヌム 178
ブルボフィルム・アンプレブラクテアツム・
　カルンクラツム 177
ブルボフィルム・アンブロシア 177
ブルボフィルム・エキノラビウム 179
ブルボフィルム・カオヤイエンセ 181
ブルボフィルム・グランディフロルム 180
ブルボフィルム・デイアヌム 179
ブルボフィルム・ディアレイ 179
ブルボフィルム・バルビゲルム 178
ブルボフィルム・ファラエノプシス 182
ブルボフィルム・ファルカツム 180
ブルボフィルム・プルプレオラキス 182
ブルボフィルム・フレッチェリアヌム 180
ブルボフィルム・メドゥーサエ 181
ブルボフィルム・ロスチャアイルディアナ 182
ブルボフィルム・ロビー 181

プレイオネ・アウリタ	58	マクシラリア・コクシネア	94
プレイオネ・ストロンボリ	59	マクシラリア・サンデリアナ	97
プレイオネ・フォレスティイ	59	マクシラリア・シュンケアナ	97
プレイオネ・プラエコクス	58	マクシラリア・スブレペンス	97
プレイオネ・マクラタ	59	マクシラリア・ソフロニティス	97
プレイオネ・ユンナネンシス	59	マクシラリア・テヌイフォリア	98
プレウロタリス属	173	マクシラリア・ナスタ	95
プレウロタリス・オクラビオイ	173	マクシラリア・ネオヴィーディー	96
プレウロタリス・ティタン	173	マクシラリア・バリアビリス	98
プレウロタリス・マルタエ	173	マクシラリア・ピクタ	96
フレッドクラーケアラ属	73	マクシラリア・ポルフィロステレ	96
フレッドクラーケアラ・アフター・ダーク	73	マクシラリア・リネオラタ	95
ブロートニア属	140	マクシラリア・ルテオアルバ	95
ブロートニア・サングイネア	140	マクシラリア・ルフェスケンス	96
プロステケア属	161	マクラデニア属	107
プロステケア・ガルシアナ	162	マクラデニア・ムルティフロラ	107
プロステケア・コクレアタ	161	マスデバリア属（野生種）	169
プロステケア・ビテリナ	163	マスデバリア属（人工交雑種）	172
プロステケア・ブラッサボラエ	161	マスデバリア・アヤバカナ	169
プロステケア・プリスマトカルパ	162	マスデバリア・イグネア	171
プロステケア・ベスパ	163	マスデバリア・ヴィーチアナ	169
プロステケア・ラディアタ	162	マスデバリア・エンジェル・フロスト	172
プロメナエア属（人工交雑種）	135	マスデバリア・カウダタ	170
プロメナエア・クローシェイアナ	135	マスデバリア・カッパー・エンジェル	172
ペスカトリア属	135	マスデバリア・コッキネア	171
ペスカトリア・ケリナ	135	マスデバリア・ビコロル	170
ヘツカラン	75	マスデバリア・ベヌスタ	171
ペリステリア属	128	マスデバリア・リン・シャーロック	172
ペリステリア・エラタ	128	マメヅタラン属	177
ホウサイラン	79	ミズチドリ	51
ポダンギス属	219	ミズトンボ属	46
ポダンギス・ダクティロケラス	219	ミズトンボ	47
ポリスタキア・クラレアエ	220	ミルトニア属	108
ポリスタキア・ネオベンサミア	220	ミルトニア・クネアタ	108
ポリスタキア属	220	ミルトニア・クロウシイ	108
ホルコグッロスム属	200	ミルトニア・スペクタビリス	109
ホルコグッロスム・アウリクラツム	200	ミルトニア・フィマトキラ	109
ホンコンシュスラン属	34	ミルトニア・フラベスケンス	108
ホンコンシュスラン	34	ミルトニア・モレリアナ	109
		ミルトニア・レグネリイ	109
		ミルトニオプシス属（野生種）	110

マ

マクシラリア属	94	ミルトニオプシス属（人工交雑種）	111
マクシラリア・エゲルトニアヌム	94	ミルトニオプシス・イースタン・ベイ	112
マクシラリア・エラティオル	94	ミルトニオプシス・セコンド・ラブ	112
マクシラリア・グランディフロラ	95	ミルトニオプシス・ツェレ	112
		ミルトニオプシス・バート・フィールド	111

ミルトニオプシス・ビスマルキイ	110
ミルトニオプシス・ファラエノプシス	111
ミルトニオプシス・ベクシラリア	110
ミルトニオプシス・ルージュ	112
ミルトニオプシス・レーツリイ	111
ミルメコフィラ属	160
ミルメコフィラ・ティビキニス	160
メディオカルカル属	193
メディオカルカル・デコラツム	193
メディオカルカル・フェルステーフィ	193
モルモデス属	72
モルモデス・ブッキナトル	72
モルモデス・ロルフェアナ	73

ヤ・ラ・ワ

ヤブエビネ	62
リカステ属（野生種）	89
リカステ属（人工交雑種）	91
リカステ・アロマティカ	89
リカステ・クルエンタ	90
リカステ・ショールヘブン	92
リカステ・スペクタビリス	91
リカステ・デッペイ	90
リカステ・トリコロル	91
リカステ・ビルギナリス	89
リカステ・ブレビスパタ	90
リカステ・ヘンティ	92
リカステ・ボーリアエ	92
リカステ・マクロフィラ	91
リカステ・ラクホク	92
リカステ・ラシオグロッサ	90
リキダ属	93
リキダ・アクイラ	93
リキダ・ゲイザー・ゴールド	93
リパリス・ヌタンス	191
リンコスティリス属（野生種）	208
リンコスティリス属（人工交雑種）	208
リンコスティリス・ギガンテア	208
リンコスティリス・コーカラッド	208
リンコステレ属	120
リンコステレ・コルダタ	120
リンコステレ・ロシイ	121
リンコレリア属	164
リンコレリア・グラウカ	164
リンコレリア・ディグアナ	164

リンコレリオカトレヤ属	166
リンコレリオカトレヤ・アルマ・キー	166
リンコレリオカトレヤ・トゥウェンティー・ファースト・センチュリー	166
レオメセジア属	126
レオメセジア・ラバ・バースト	126
レストレピア属	174
レストレピア・アンテンニフェラ	174
レストレピエラ属	174
レストレピエラ・オフィオケファラ	174
レナンテラ属（野生種）	207
レナンテラ属（人工交雑種）	208
レナンテラ・フィリピネンシス	207
レナンテラ・ブルーキー・チャンドラー	208
レナンテラ・ベラ	207
レナンテラ・モナキカ	207
レプトケラス属	39
レプトケラス・メンジシイ	39
レプトテス属	160
レプトテス・ビコロル	160
レリア属	157
レリア・アウツムナリス	157
レリア・アンケプス	158
レリア・ウンドゥラタ	159
レリア・グールディアナ	158
レリア・スプレンディダ	159
レリア・スペキオサ	157
レリア・スペルビエンス	159
レリア・ルベスケンス	158
レリオカトレヤ属	166
レリオカトレヤ・コースタル・サンライズ	166
ロシオグロッサム属（野生種）	122
ロシオグロッサム属（人工交雑種）	122
ロシオグロッサム・アンプリアツム	122
ロシオグロッサム・グランデ	122
ロシオグロッサム・ロードン・ジェスター	122
ロッカーティア属	107
ロッカーティア・ミクランタ	107
ロドリゲシア属	121
ロドリゲシア・デコラ	121
ロドリゲシア・ブラクテアタ	121
ロドリゲシア・ランケオラタ	121
ワーセウィッチエラ属	136
ワーセウィッチエラ・ディスコロル	136

主な引用・参考文献

和文文献 (五十音順)

- 宇田川芳雄. 1994. マスデバリアとドラクラ. 二玄社.
- 大橋広好・門田裕一・邑田 仁・米倉浩司・木原 浩 (編). 2015. 改定新版日本の野生植物1. 平凡社.
- 唐沢耕司. 1982. パフィオペディルム. 誠文堂新光社.
- 唐沢耕司 (編). 1986. 朝日園芸百科28 室内・温室植物編V洋ラン. 朝日新聞社.
- 唐沢耕司 (監). 1996. 山渓カラー名鑑 蘭. 山と渓谷社.
- 唐沢耕司. 2003. 原種ラン図鑑. 日本放送出版協会.
- 唐沢耕司. 2006. 世界ラン紀行. 家の光協会.
- 唐澤耕司・小笠原 亮. 1999. 洋ランポケット事典. 日本放送出版協会.
- 唐澤耕司・蘭 思仁・P. J. Cribb・陳 心啓. 2017. 世界観賞用野生ラン. Ohmsha.
- 吉 占和・陳 心啓・森 和男. 1997. 中国のらん. 日本園芸協会.
- 沢近十九一 (編). 1987. フローラ：アニマ臨時増刊号No.174号. 平凡社.
- 塚本洋太郎 (監). 1994. コンパクト版　園芸植物大事典. 小学館.
- 塚本洋太郎・中山公男・唐沢耕司 (監). 1993. ランの美術館. 集英社.
- 土橋 豊. 1993. 洋ラン図鑑. 光村推古書院.
- 土橋 豊. 1996. 洋ラン. 山と渓谷社.
- 土橋 豊. 1999. 中国・雲南省にパフィオペディルム・アルメニアカムの自生地を訪ねて.
  ニューオーキッド97：63-69.
- 土橋 豊. 2000. 熱帯の有用果実. トンボ出版.
- 土橋 豊. 2009. ミラクル植物記. トンボ出版.
- 土橋 豊. 2010. 西オーストラリア南西部における野生ランの分布と生態特性に関する調査.
  甲子園短期大学紀要 28：41-51.
- 土橋 豊. 2019. 最新園芸・植物用語集. 淡交社.
- 土橋 豊・椎野昌宏. 2017. カラーリーフプランツ. 誠文堂新光社.
- ダーウィン, C. (正宗厳敬訳). 1939. ランの受精. 白揚社.
- クーポウィッツ, H.・ケイ, H. (大場秀章訳). 1993. 植物が消える日：地球の危機. 八坂書房.
- 八尋洲東 (編). 1997. 朝日百科植物の世界9. 朝日新聞社.
- 山田晴美 (編). 1975. 園芸植物学名辞典. 農業図書.
- 山田晴美. 1979. ギリシア・ローマ神話と栽培植物の属名. 明文書房.
- 遊川知久・中川博史・鷹野正次・松岡裕史・山下 弘. 2015. 日本のラン (1) 低地・低山編. 文一総合出版.
- 洋ラン大全編集部 (編). 2018. 洋ラン大全 優良花から珍ラン奇ランまで. 誠文堂新光社.
- 米倉浩司. 2019. 新維管束植物分類表. 北隆館.

欧文文献 (アルファベット順)

- Anghelescu, N. E. D., Bygrave, A., Georgescu, M. I., Petra, S. A. and Toma, F. 2020. A history of orchids. A history of discovery, lust and wealth. Scientific Papers. Series B. Horticulture, 64 (1)：519-530.
- Arditti, J., Elliott, J., Kitching, I. J., and Wasserthal, L. T. 2012. 'Good Heavens what insect can suck it'– Charles Darwin, Angraecum sesquipedale and Xanthopan morganii praedicta. Botanical Journal of the Linnean Society, 169 (3)：403-432.
- Bechtel, H., P. Cribb and E. Launert. 1981. The Manual of Cultivated orchid Species (Third Edition). The MITPress.
- Berliocchi, L. 1996. The Orchid in Lore and Legend. Timber Press.
- Blackmore, S. 1985. Bee Orchids. Shire Publications Ltd.
- Brown, A., P. Dundas, K. Dixon and S. Hopper. 2008. Orchids of Western Australia. University of Western Australia Press.
- Chase, M. W., Christenhusz, M. and Mirenda T. 2017. The Book of Orchids: A Life-Size Guide to Six Hundred Species from Around the World. The Ivy Press Limited.

- Chase, M. W., B. Gravendeel, B. P. Sulistyo, R. K. Wati and A. Schuiteman. 2021. Expansion of the orchid genus Coelogyne (Arethuseae; Epidendroideae) to include Bracisepalum, Bulleyia, Chelonistele, Dendrochilum, Dickasonia, Entomophobia, Geesinkorchis, Gynoglottis, Ischnogyne, Nabaluia, Neogyna, Otochilus, Panisea and Pholidota. Phytotaxa, 510 (2) : 94-134.
- Chase, M. W., Schuiteman, A., and Kumar, P. 2021. Expansion of the orchid genus Eulophia (Eulophiinae; Epidendroideae) to include Acrolophia, Cymbidiella, Eulophiella, Geodorum, Oeceoclades and Paralophia. Phytotaxa, 491 (1) : 47-56.
- Cribb, P. 1997. The Genus Cypripedium. Timber Press.
- Cribb, P. 1998. The Genus Paphiopedilum. Second Edition. Natural History Publications (Borneo) Sdn. Bhd.
- Cribb, P. and I. Butterfield. 1988. The Genus Pleione. Timber Press.
- Croix, I. L. and E. L. Croix. 1997. African orchids in the wild and in cultivation. Timber Press.
- Gardiner, L. and P. Cribb. 2018. The Orchid. Andre Deutsch.
- Groom, P. K. and B. B. Lamont. 2015. Plant Life of Southwestern Australia. De Gruyter Open Ltd.
- Hoffman, N. and A. Brown. 1992. Orchids of South ~ West Australia (Second Edition). University of Western Australia Press.
- Huxley, A. (ed.). 1992. The New Royal Horticultural Society Dictionary of Gardening (Vol.1-4). The Macmillan Press LTD.
- Jones, D. L. 1988. Native Orchids of Australia. Reed Book.
- Knapp, S. 2021. Extraordinary Orchids, Natural History Museum.
- Kühn, R., H. Pedersen and P. Cribb. 2019. Field Guide to the Orchids of Europe and the Mediterranean. Kew Publishing.
- Kumbaric, A., Savo, V. and Caneva, G. 2013. Orchids in the Roman culture and iconography: Evidence for the first representations in antiquity. Journal of Cultural Heritage, 14 (4) : 311-316.
- La Croix, I. F. 2008. The New Encyclopedia of Orchids. Timber Press.
- Lavarck, B. and W. Harris. 2002. Botanica's Orchids. Laurel Glen Publishing.
- Mayr, H. 1998. Orchids Names and their Meanings. A. R. G. Gantner Verlag K.-G.
- Meisel, J. E., Kaufmann R. S. and Pupulin, F. 2014. Orchids of Tropical America. Cornell University Press.
- Oakeley, H. F. 1993. Lycaste, Ida and Anguloa: The Essential Guide. National Collection of Lycastes and Anguloas.
- O'Byrne, P. 2001. A to Z of South East Asian Orchid Species. Orchid Society of South East Asia.
- Pant, B. and B. B. Raskoti. 2013. Medicinal Orchids of Nepal. Himalayan Map Houde (P.) Ltd.
- Phillips, S. 2012. An Encyclopedia of Plants in Myth, Legend, Magic and Lore. Robert Hale.
- Puy D. D. and P. Cribb. 1988. The Genus Cymbidium. Timber Press.
- Reinikka, M. A. 1995. A History of the Orchid. Timber Press.
- Schiff, J. L. 2018. Rare and Exotic Orchids Their Nature and Cultural Significance. Springer.
- Shephard, S. and T. Musgrave. 2014. Blue Orchid and Big Tree. Redcliffe Press Ltd.
- Siegerist, E. S. 2001. Bulbophyllums and their allies: a grower's guide. Timber Press.
- Stearn, W. T. 1992. Stern's Dictionary of Plant Names for Gardeners. Cassell Publishers Limited.
- Suetsugu, K., Y. Abe, T. Asai, S. Matsumoto and M. Hasegawa. 2022. Fringed Margin of a Specialized Petal Allows Hawkmoths to Grasp Flowers While Foraging. Bulletin of the Ecological Society of America 103 (4) : 1-4.
- Suetsugu, K., A. Kawakita & M. Kato. 2015. Avian seed dispersal in a mycoheterotrophic orchid Cyrtosia septentrionalis. Nature Plants, 1 (5) : 1-2.

ウェブサイト

- Internet Orchid Species Photo Encyclopedia. https://www.orchidspecies.com/
- Plants of the World Online. https://powo.science.kew.org/
- The International Orchid Register. https://apps.rhs.org.uk/horticulturaldatabase/orchidregister/orchidregister.asp

土橋 豊（つちはし ゆたか）

1957年大阪市生まれ。東京農業大学農学部元教授。京都大学博士（農学）。
京都大学大学院修士課程修了後、京都府立植物園温室係長、京都府農業総合研究所主任研究員、甲子園短期大学教授などを経て、東京農業大学農学部教授（2015年～2023年）。第18回松下幸之助花の万博記念奨励賞受賞。人間・植物関係学会理事（2009年～）。人間・植物関係学会会長（2013年～2019年）。日本園芸療法学会理事（2010年～）。
主な単著として、『検索入門 観葉植物①②』（保育社）、『観葉植物1000』（八坂書房）、『洋ラン図鑑』（光村推古書院）、『洋ラン』（山と渓谷社）、『ビジュアル園芸・植物用語事典』（家の光協会）、『熱帯の有用果実』（トンボ出版）、『増補改訂版ビジュアル園芸・植物用語事典』（家の光協会）、『ミラクル植物記』（トンボ出版）、『日本で見られる熱帯の花』（文一総合出版）、『人もペットも気をつけたい園芸有毒植物図鑑』（淡交社）、『最新園芸・植物用語集』（淡交社）、『ボタニカルアートで楽しむ花の博物図鑑』（淡交社）、『増補改訂版人もペットも気をつけたい園芸有毒植物図鑑』（淡交社）など多数。主な共著として、『原色茶花大辞典』（淡交社）、『原色園芸植物大事典』（小学館）、『植物の世界』（朝日新聞社）、『植物の百科事典』（朝倉書店）、『新版 茶花大事典』（淡交社）、『花の園芸事典』（朝倉書店）、『文部科学省検定済教科書 生物活用』（実教出版）、『花卉園芸学の基礎』（農山漁村文化協会）、『カラーリーフプランツ』（誠文堂新光社）、『仕立てて楽しむつる植物』（誠文堂新光社）など多数。

最新 世界のラン図鑑

2025年2月2日 初版発行

著者　　　　　土橋 豊
発行者　　　　伊住公一朗
発行所　　　　株式会社 淡交社

本社
〒603-8588
京都市北区堀川通鞍馬口上ル
営業｜075-432-5156
編集｜075-432-5161

支社
〒162-0061
東京都新宿区市谷柳町39-1
営業｜03-5269-7941
編集｜03-5269-1691
www.tankosha.co.jp

装丁・レイアウト　　三浦裕一朗（文々研）
印刷・製本　　　　　株式会社 光邦

©2025 土橋 豊 Printed in Japan
ISBN 978-4-473-04597-3

＊定価はカバーに表示してあります。落丁・乱丁本がございましたら、小社書籍営業部宛にお送りください。送料小社負担にてお取り替えいたします。本書のスキャン、デジタル化等の無断複写は、著作権法上での例外を除き禁じられています。また、本書を代行業者等の第三者に依頼してスキャンやデジタル化することは、いかなる場合も著作権法違反となります。